Manoj Kshirsagar
S.N. Teli
Vivek Yakkundi

Analisar a Seleção de Fornecedores com a Filosofia Lean: Um estudo de caso

Manoj Kshirsagar
S.N. Teli
Vivek Yakkundi

Analisar a Seleção de Fornecedores com a Filosofia Lean: Um estudo de caso

ScienciaScripts

Imprint

Cover image: www.ingimage.com

This book is a translation from the original published under ISBN 978-3-659-83532-2.

Publisher:
Sciencia Scripts
is a trademark of
Dodo Books Indian Ocean Ltd. and OmniScriptum S.R.L publishing group

120 High Road, East Finchley, London, N2 9ED, United Kingdom
Str. Armeneasca 28/1, office 1, Chisinau MD-2012, Republic of Moldova, Europe
Printed at: see last page
ISBN: 978-620-8-23219-1

Resumo

Com o aumento da concorrência entre as empresas nos mercados globais, as empresas estão a tentar encontrar novas formas de melhorar e fornecer mais valor aos seus clientes. Uma das actividades mais importantes que está em constante evolução nos mercados é a subcontratação. As empresas globais estão à procura de melhores fornecedores para garantir uma produção eficiente e qualificada. Por conseguinte, têm normas diferentes para selecionar fornecedores que evoluem com novas melhorias.

A produção enxuta tem as suas origens na produção automóvel, com o objetivo de aumentar a eficiência da produção. Com o tempo, transformou-se numa filosofia empresarial e pode agora ser encontrada em muitas outras áreas para além da produção. Uma das áreas em que o lean se encontra frequentemente é na gestão da cadeia de abastecimento. Muitos especialistas afirmam que todas as actividades dentro de uma cadeia de abastecimento devem ser "lean" para serem "lean". Isto significa que as empresas "lean" devem aplicar técnicas de fornecimento "lean" e selecionar os seus fornecedores tendo em mente os princípios "lean".

O objetivo desta tese é compreender a evolução das necessidades dos clientes nos mercados back-to-back com a introdução da filosofia lean. A filosofia Lean melhora essencialmente as relações, a logística e as áreas de produção e garante uma eficiência a longo prazo para os fornecedores. Este estudo analisa a evolução dos critérios de seleção dos fornecedores ao longo dos anos, mas também mostra o impacto da difusão da filosofia Lean na seleção dos critérios.

A indústria automóvel indiana foi selecionada para analisar os critérios de seleção e avaliação dos fornecedores. Foram realizadas entrevistas com os gestores das equipas de compras de várias empresas do sector automóvel na Índia. Os resultados mostram que a qualidade, a fiabilidade da entrega e a qualidade das relações são os critérios mais importantes para os construtores de automóveis. Exigem também dos seus fornecedores os princípios básicos do Lean, mesmo que estes não sejam considerados completamente Lean no mercado.

Palavras-chave: lean manufacturing, relação cliente-fornecedor, critérios de seleção de fornecedores, indústria automóvel.

Lista de acrónimos

JIT	Just in time
Kanban	Tool in a production system for lean and JIT production
Pull	Answering demand instead of creating it
OSD	Automotive manufacturers association
FDI	Foreign direct investment
OEM	Original equipment manufacturer
STA	Supplier Technical Assistance
R & D	Research and Development
IT	Information Technology
ISO	International organization for standardization

Capítulo 1

Introdução

Atualmente, as relações com os fornecedores nos mercados B2B tornaram-se mais importantes à medida que a concorrência entre empresas aumenta. As empresas estão a construir relações mais estreitas e de maior cooperação com os seus fornecedores. Consequentemente, as relações são de longo prazo e baseiam-se na confiança mútua. Esta mudança no estilo de relacionamento também teve um impacto no processo de seleção de fornecedores. Hoje em dia, o valor de um fornecedor é crucial e a seleção de um fornecedor deve ser pormenorizada. Existem diferentes métodos e combinações de etapas para o processo de seleção de fornecedores. As etapas e métodos adequados são determinados pela empresa cliente em função das suas necessidades relativamente ao fornecedor.

O processo de seleção de fornecedores inclui critérios para a seleção de fornecedores. As empresas clientes determinam os critérios de seleção dos fornecedores. Isto significa que as empresas nem sempre favorecem o fornecedor que oferece o produto mais barato. Em vez disso, têm em conta várias caraterísticas do produto e do fornecedor durante o processo de aquisição. Os critérios para a seleção de fornecedores têm mudado ao longo dos anos. Em particular, a introdução da produção optimizada influenciou as relações entre fornecedores e clientes e, por conseguinte, também os critérios de seleção dos fornecedores. Atualmente, os princípios lean são também tidos em conta na seleção dos fornecedores.

A indústria automóvel é uma das maiores indústrias do mundo e tem também uma das cadeias de abastecimento mais complexas. Um fabricante de equipamento original na indústria automóvel tem muitos produtos e fornecedores, porque um automóvel é composto por muitos produtos diferentes, desde borracha a têxteis. Isto faz com que a seleção de fornecedores na indústria automóvel seja mais importante do que em muitas outras indústrias. Como é sabido, a produção optimizada está generalizada na indústria automóvel. Por conseguinte, o impacto do lean manufacturing nos critérios de seleção de fornecedores na indústria automóvel é de interesse.

O objetivo desta tese é compreender a seleção de critérios na indústria e o impacto do lean manufacturing na seleção de critérios. Por conseguinte, são abordados os seguintes domínios nesta tese. Em primeiro lugar, os factores que influenciam a seleção de critérios, a seleção de critérios com base nas indústrias e nos países. Em segundo lugar, os requisitos da produção optimizada para os fornecedores e a seleção de fornecedores com base nos princípios da produção optimizada.

1.1 Motivação:

Com a crescente concorrência nos mercados globais, as empresas estão sob intensa pressão para encontrar formas de reduzir os custos de produção e dos materiais, a fim de sobreviverem e manterem a sua posição competitiva nos respectivos mercados. Uma vez que um fornecedor qualificado é um elemento-chave e um bom recurso para um comprador na redução desses custos, a avaliação e seleção de potenciais fornecedores tornou-se uma parte importante da gestão da cadeia de abastecimento. Por conseguinte, é naturalmente desejável desenvolver um modelo eficaz e racional para a seleção de fornecedores.

A avaliação de fornecedores é uma das etapas fundamentais para avaliar um fornecedor em termos da sua adequação à empresa. O termo "seleção de fornecedores" é utilizado nas empresas e refere-se ao processo de avaliação e aprovação de potenciais fornecedores através de uma avaliação factual e mensurável. O objetivo da avaliação de fornecedores é garantir a existência de uma carteira de fornecedores de primeira classe. A avaliação de fornecedores é também um processo aplicado aos fornecedores existentes para medir e monitorizar o seu desempenho, de modo a reduzir custos, mitigar riscos e alcançar uma melhoria contínua.

Alguns avaliaram os fornecedores com base em muito poucos critérios e, nalguns casos, os critérios podem não ser cuidadosamente avaliados. Infelizmente, a maioria destes modelos não fornece um mecanismo para analisar eficazmente um grande número de fornecedores. É sabido que, à medida que o número de fornecedores e de critérios aumenta, o problema da avaliação torna-se mais difícil e leva mais tempo a resolver. Assim, propomos desenvolver um modelo abrangente e eficiente para analisar este tipo de problema, a fim de acompanhar ou monitorizar o desempenho de qualidade dos fornecedores.

1.2 Objetivo e âmbito de aplicação:

O objetivo desta tese é melhorar a compreensão dos factores que influenciam o processo de seleção de fornecedores das empresas e a forma como as ideias lean melhoraram e alteraram a tomada de decisões dos fornecedores. A indústria automóvel é selecionada como área de projeto e são formuladas as seguintes questões.

Questões globais para este trabalho:

- É possível determinar os critérios comuns importantes para a seleção de fornecedores?
- Que factores influenciam os critérios utilizados pelas empresas para selecionar os fornecedores?

Perguntas sobre a produção optimizada:

- A filosofia Lean influencia as cadeias de abastecimento? De que forma?
- Como é que a filosofia "lean" influencia os critérios de seleção de fornecedores das empresas? Questões finais de investigação sobre a indústria automóvel:
- Quais são os critérios mais importantes para a seleção de fornecedores na indústria automóvel indiana?
- Que impacto tem a filosofia "lean" na seleção de fornecedores na indústria automóvel indiana?

1.3 Metodologia:

Investigar significa utilizar uma abordagem metódica e sistemática para adquirir novos conhecimentos e encontrar soluções para os problemas (Kumar 2008; Amaratunga et al. 2002). A metodologia de investigação mostra a abordagem e a técnica da investigação e descreve a forma como a investigação é efectuada (Kumar 2008).

Existem diferentes abordagens de investigação para classificar a natureza de um estudo e cada abordagem de investigação tem uma estratégia diferente. Em primeiro lugar, uma investigação pode ser classificada como quantitativa ou qualitativa. A investigação qualitativa é descrita por observações para exprimir as situações reais e naturais, enquanto a investigação quantitativa se centra em dados numéricos e utiliza métodos estatísticos (Amaratunga et al. 2002). Alguns métodos quantitativos comuns são as experiências, os questionários e os dados históricos. As experiências são métodos científicos utilizados para provar relações entre variáveis. Os inquéritos implicam fazer perguntas a diferentes pessoas para recolher informações. Os dados históricos são úteis para procurar padrões. Por outro lado, os estudos de caso e a investigação-ação são classificados como métodos de investigação qualitativa. Os estudos de caso são observações no mundo real para compreender o fenómeno no seu contexto natural. Na investigação-ação, a ideia é posta em prática e o investigador pode alterar os resultados através das suas acções. (Moody 2002) Nesta tese, foram utilizadas abordagens quantitativas e qualitativas.

Além disso, a investigação pode ser classificada como teórica ou empírica. A investigação teórica utiliza constructos teóricos para encontrar respostas. Os estudos empíricos recolhem dados e analisam-nos para determinar os resultados. A investigação empírica também envolve o teste de teorias existentes. Em seguida, reúne as informações e obtém os resultados. (Moody 2002)

Por último, uma abordagem de investigação pode ser indutiva ou dedutiva. Na abordagem indutiva, a teoria é generalizada com base nos dados disponíveis. É também designada por investigação ascendente. A abordagem dedutiva, por outro lado, começa com uma hipótese e conclui com uma teoria restrita e específica. A abordagem dedutiva é designada por investigação top-down. (Heit & Rotello 2010)

- É importante escolher os métodos corretos de recolha de dados para atingir os objectivos do projeto. De acordo com Gummerson (1993), existem cinco métodos de recolha de dados para a investigação em gestão. Estes são;
- Utilização do material existente
- Questionários e inquéritos
- Entrevistas
- Observação
- Investigação-ação (Gummesson 1993)

1.4 Organização do relatório:

Capítulo 1, Introdução, no qual são apresentados a motivação para o trabalho de projeto, o objetivo e o âmbito, bem como a metodologia de projeto que deve ser seguida durante o trabalho de projeto.

O capítulo 2, Revisão da literatura, apresenta os diferentes pontos de vista de vários autores relativamente à seleção de fornecedores e à seleção de critérios, seguindo-se os resultados desta revisão da literatura.

Capítulo 3 Seleção de fornecedores, no qual é descrita a relação entre o fornecedor e o cliente, bem como a descrição do processo de seleção de fornecedores, as etapas individuais e a compreensão do processo de seleção de fornecedores.

O Capítulo 4 explica **os fundamentos dos critérios de seleção de fornecedores**, a história da seleção de fornecedores, como escolher os critérios corretos de seleção de fornecedores e como avaliar os critérios de seleção de fornecedores.

Capítulo 5 Produção enxuta, história da produção enxuta, impacto da produção enxuta nos fornecedores e na cadeia de abastecimento.

Capítulo 6 Indústria automóvel, que apresenta uma panorâmica da indústria, as caraterísticas da indústria automóvel e a oferta da indústria automóvel.

Capítulo 7 Análise da seleção de fornecedores com a filosofia "lean", incluindo os resultados em termos de número de fornecedores, relações e localizações, seleção e avaliação de fornecedores, fornecimento "lean". A secção seguinte identifica os critérios de seleção dos fornecedores, tais como a qualidade, o custo, a entrega, o serviço, as relações com os fornecedores, a gestão e a organização, as capacidades e o impacto do lean manufacturing nos critérios de seleção dos fornecedores.

O **capítulo 8 Conclusões e âmbito de aplicação futura** apresenta as conclusões, as limitações e o âmbito de aplicação futura retirados do trabalho do projeto.

Capítulo 2
Revisão da literatura

2.1 Introdução:

A concorrência global, a personalização em massa, o aumento das expectativas dos clientes e as condições económicas difíceis estão a forçar as empresas a depender de fornecedores externos para contribuir com uma maior proporção de peças, materiais e conjuntos para os produtos acabados e para gerir um número crescente de processos e funções que anteriormente eram controlados internamente. Estas tendências sugerem que a competitividade futura dependerá da capacidade de uma organização desenvolver estratégias para alinhar e gerir de forma óptima uma extensa rede de relações com os fornecedores. A avaliação do desempenho dos fornecedores é um processo de medição, análise e gestão do desempenho dos fornecedores com o objetivo de reduzir os custos, minimizar os riscos e obter melhorias contínuas no valor e nas operações.
Neste capítulo, são apresentadas, com base em revisões da literatura, as várias técnicas de avaliação e seleção de fornecedores que ajudam os decisores em problemas de decisão multicritério.

De acordo com **Choy et al. (2004)**, o ambiente empresarial mudou de várias formas nos últimos anos, por exemplo, devido ao aumento da concorrência internacional, às melhorias tecnológicas e à melhoria do conhecimento e das necessidades dos clientes. Estas mudanças criam um ambiente difícil para as empresas. As empresas precisam de encontrar melhores formas de melhorar o seu desempenho global ou de se manterem no mercado.

Chaudhari (2011): Atualmente, as relações entre clientes e fornecedores são mais estreitas para se obter uma relação de qualidade e melhorar o lucro global a longo prazo.

Deshmukh & Choy et al (2004) referem-se a este tipo de relação como uma relação inter-organizacional. Esta relação de cooperação e de proximidade assegura a melhoria dos processos comerciais ao longo da cadeia de abastecimento.

Booth (2010): A relação com os fornecedores afecta o desempenho global de uma organização; por conseguinte, a natureza e o nível da relação são factores críticos para os clientes.

Lambert & Schwieterman (2012): As relações com os fornecedores afectam o desempenho global de uma organização; por conseguinte, a natureza e a extensão das relações são factores críticos na

Clientes. Uma relação deve criar valor para ambas as partes, alcançando o melhor desempenho financeiro possível.

Kannan & Tan (2006) apresentaram vários métodos para categorizar os tipos de relações entre clientes e fornecedores. Os tipos mais comuns de categorização das relações são a força, a proximidade e a proximidade física.

Booth (2010) também descreve as relações com os fornecedores em termos do seu tipo de estratégia. O autor propõe três tipos de estratégia, designadas por "entrega", "alinhamento" e "colaboração". Em primeiro lugar, no tipo "entrega", a relação limita-se à entrega e ao pagamento. Em segundo lugar, a relação de "alinhamento" envolve um grau de transparência e personalização. Finalmente, na relação de colaboração, ambas as partes beneficiam da relação. Isto é conseguido através de uma relação mais estreita e da partilha de bens e serviços importantes.

Ravindran & Wadhwa (2009); González et al. (2004): A seleção de fornecedores é uma decisão importante na cadeia de abastecimento, uma vez que os fornecedores desempenham um papel importante no desempenho de uma organização. A qualidade do produto final e a produtividade global dependem, em grande medida, dos produtos e serviços fornecidos. Por conseguinte, pode dizer-se que todos os fornecedores de uma cadeia contribuem para o desempenho do produto final que é vendido aos consumidores.

De acordo com **Monczka et al (2009)**, a seleção eficaz de fornecedores oferece às empresas a oportunidade de melhorar a sua rentabilidade e aumentar a satisfação dos clientes de quatro formas: (1) preços competitivos, (2) serviço de entrega, (3) qualidade do produto e (4) variedade do produto.

De acordo com Monczka et al (2009), uma empresa pode necessitar de um novo fornecedor por várias razões, como o desenvolvimento de um novo produto, a insuficiência de fornecedores, o termo de um contrato com um fornecedor, a aquisição de novas máquinas ou a expansão para novos mercados.

Masella et al. (2000) As relações de longo prazo e estreitas exigem mais esforço e investimento, mas trazem muitas vantagens tanto para o cliente como para o fornecedor a longo prazo.

Tracey & Tan (2001): A seleção eficaz de critérios ajuda as empresas a encontrar fornecedores que possam oferecer preços competitivos, melhor serviço de entrega, melhor qualidade e variedade de produtos.

Lee et al (2001), cada critério tem um valor diferente para o cliente. Uma boa maneira de compreender o valor de cada critério é atribuir pesos a cada critério. Assim, depois de definir os critérios, o quarto passo é determinar a ponderação. De seguida, os fornecedores podem ser avaliados e os pesos calculados para cada fornecedor.

Kahraman et al (2003) afirmam que os critérios permitem o processo de eliminação, ajudando a determinar se um fornecedor está ou não alinhado com a estratégia de uma organização. Os critérios são vistos como um sistema de medição através do qual os fornecedores podem ser avaliados em termos da sua solidez financeira, abordagem de gestão, capacidades, capacidades técnicas, recursos e sistemas de qualidade.

De acordo com Karanjkar (2007), a Toyota conseguiu aplicar os processos lean na produção de uma variedade de produtos. O sistema também permitiu baixos custos, alta qualidade e alto desempenho.

Segundo **Smeds (1994)**, lean significa simplificar os processos e apoiar o desenvolvimento e a inovação.

Bayou e Korvin (2008) definem o Lean como um conceito dinâmico, de longo prazo e integrador. O método "lean" é superior à produção em massa porque requer menos mão de obra, espaço de produção, investimento em ferramentas e inventário do que a produção em massa e conduz a menos erros e a uma maior variedade de produtos.

Hines & Taylor 2000; Howell 2010). As peças defeituosas também são consideradas resíduos porque não têm valor. Provocam retrabalho, atrasos, custos de produção mais elevados, erros na documentação, problemas de qualidade, fraco desempenho na entrega e menor produtividade.

2.2 Resultados colectivos:

- Alguns dos autores concluíram que a colaboração e as relações mais estreitas entre fornecedores e clientes conduzem a melhores processos empresariais em toda a cadeia de abastecimento.
- A maioria das publicações salienta que os critérios devem ser vistos como um sistema de medição que pode ser utilizado para avaliar a solidez financeira, a abordagem de gestão, as capacidades, as capacidades técnicas, os recursos e os sistemas de qualidade dos fornecedores.
- Alguns estudos concluíram que a natureza das relações com os fornecedores influencia o desempenho global da empresa e, por conseguinte, também o dos clientes.
- A maior parte da literatura refere que o processo de seleção de fornecedores é um processo de decisão crítico, uma vez que a maioria dos OEM depende das peças/componentes dos seus fornecedores e, por conseguinte, a qualidade global do produto depende do desempenho dos seus fornecedores.
- Alguns autores concluíram que uma seleção eficaz dos fornecedores aumenta a rentabilidade da sua organização através da entrega atempada, da qualidade, do custo, da satisfação do cliente, etc.
- Alguns autores concluíram que uma relação de longo prazo com um fornecedor traz benefícios tanto para o cliente como para o fornecedor.
- A seleção de critérios ajuda a empresa a identificar os fornecedores que podem oferecer preços competitivos, um melhor serviço de entrega, melhor qualidade e variedade de produtos.
- A maior parte da literatura afirma que a seleção de fornecedores com a filosofia "lean" é superior à produção em massa porque, em comparação com a produção em massa, a filosofia "lean" requer menos mão de obra, espaço de produção, investimento em ferramentas e inventário e conduz a menos erros e a uma maior variedade de produtos.

- Alguns dos autores afirmam que a utilização de processos lean na produção com uma variedade de produtos traz as vantagens de baixos custos, alta qualidade e alto desempenho.
- A maioria das publicações salienta que cada critério tem uma importância diferente para o cliente, pelo que uma boa forma de compreender o valor de cada critério é atribuir um peso a cada critério.

Capítulo 3

Seleção de fornecedores

3.1 Relação entre fornecedor e cliente:

Uma relação é estabelecida entre um cliente e um fornecedor com o objetivo de satisfazer as necessidades de cada um. Cada parte de uma relação tem algumas responsabilidades que são definidas num contrato. O contrato é um acordo que explica a definição da relação. (Booth 2010) A relação com os fornecedores afecta o desempenho global de uma organização; por conseguinte, a natureza e o nível da relação são factores críticos para os clientes. Uma relação deve criar valor para ambas as partes, alcançando o melhor desempenho financeiro possível (Lambert & Schwieterman 2012). Além disso, a colaboração numa relação com os fornecedores é geralmente mais rentável devido aos custos e tempos de mudança (Masella et al. 2000).

Os autores utilizaram diferentes métodos para classificar os tipos de relações entre clientes e fornecedores. As formas mais comuns de categorizar as relações são a força, a proximidade e a proximidade física (Kannan & Tan 2006). Booth (2010) descreve diferentes relações com base no fluxo de informações entre empresas individuais. O autor explica dois tipos de relações, nomeadamente a relação "Bow-Tie" e a relação "Diamond". Se houver um acesso limitado à informação e um número limitado de contactos entre o cliente e o fornecedor, a relação é designada por relação bowtie. Se, por outro lado, houver acesso à informação e um grande número de contactos entre eles, a relação é designada por relação diamante. (Booth 2010) As relações bowtie e diamante são apresentadas na Figura 3.1 e na Figura 3.2, respetivamente.

Booth (2010) também descreve as relações com os fornecedores em termos do seu tipo de estratégia. O autor propõe três tipos de estratégia, designadas por "entrega", "alinhamento" e "colaboração". Em primeiro lugar, no tipo "deliver", a relação limita-se à entrega e ao pagamento. Em segundo lugar, a relação de "alinhamento" envolve um grau de transparência e personalização. Finalmente, na relação de colaboração, ambas as partes beneficiam da relação. Isto é conseguido através de uma relação mais próxima e da partilha de bens e serviços importantes. (Booth 2010) As relações têm algumas caraterísticas; as caraterísticas mais comuns são a cooperação, o empenhamento, a comunicação, a confiança, a coordenação, a dependência e a flexibilidade (Kannan & Tan 2006). As caraterísticas também podem indicar a natureza da relação.

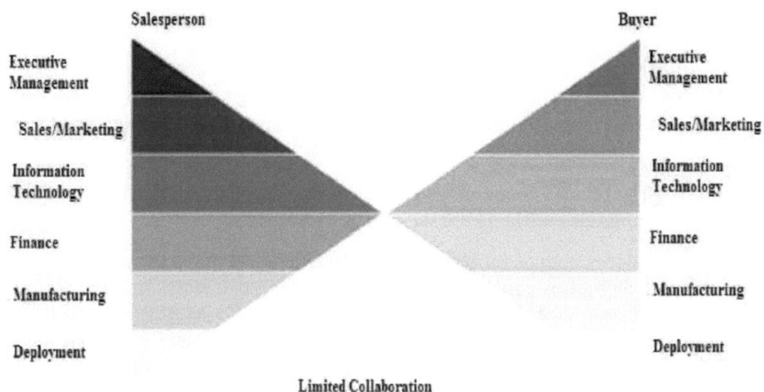

Figura 3.1 Relações de força centrífuga (Palmatier 2011)

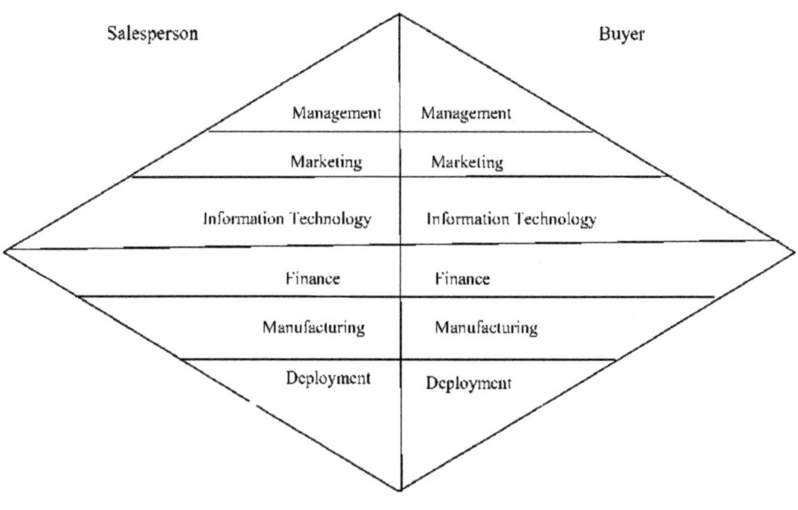

Figura 3.2 Relação entre os diamantes (Palmatier 2011)

De acordo com Choy et al. (2004), o ambiente empresarial mudou de várias formas nos últimos anos, por exemplo, devido ao aumento da concorrência internacional, às melhorias tecnológicas e à melhoria do conhecimento e das necessidades dos clientes.

Estas mudanças criam um ambiente desafiante para as organizações. As empresas têm de encontrar melhores formas de aumentar o seu desempenho global ou de se manterem no mercado. (Choy et al. 2004) Atualmente, as relações entre

Aproximar os clientes e os fornecedores para estabelecer uma relação de elevada qualidade e melhorar o lucro global a longo prazo (Deshmukh & Chaudhari 2011).

Choy et al (2004) referem-se a este tipo de relação como uma relação inter-organizacional. Esta relação cooperativa e mais estreita assegura a melhoria dos processos empresariais ao longo da cadeia de abastecimento.

Além disso, as relações com os fornecedores dependem hoje, em grande medida, da troca de informações e de muitos contactos estreitos. As empresas clientes partilham também o sucesso ou o fracasso global com os seus fornecedores. Esta integração contribui para melhorar o desempenho global das organizações. As empresas que trabalham com os principais fornecedores a longo prazo têm mais probabilidades de reduzir os custos, acelerar o ciclo do produto, otimizar o inventário, desenvolver novos produtos, reduzir o risco e a incerteza e criar melhor valor para os seus clientes (Lambert & Schwieterman 2012; Choy et al. 2004). Outro benefício desta relação é que os fornecedores ficam mais motivados por uma relação segura a longo prazo, posicionam-se num mercado fiável e influenciam positivamente a qualidade do cliente (Kannan & Tan 2006). Enquanto os fornecedores e os clientes beneficiam de uma boa relação, as barreiras à entrada no mercado para os concorrentes são aumentadas por fortes relações de longo prazo.

A produção enxuta tem um impacto no estilo de relacionamento entre clientes e fornecedores. É sabido que o desenvolvimento das relações com os fornecedores foi grandemente influenciado pela filosofia "lean". O impacto da filosofia "lean" nas relações com os fornecedores é analisado em pormenor no capítulo sobre a produção "lean".

De acordo com Park et al. (2010), o relacionamento com fornecedores envolve estudos em quatro áreas: Estratégia de compras, seleção de fornecedores, colaboração e desenvolvimento de fornecedores (Park et al. 2010). Neste artigo, o foco será a seleção de fornecedores. Os tópicos seguintes fornecem uma visão sobre os processos de seleção de fornecedores.

3.2 Processo de seleção de fornecedores:

3.2.1 Descrição do processo de seleção de fornecedores:

Atualmente, a concorrência entre empresas é mais intensa do que antigamente, principalmente devido à globalização. Este ambiente empresarial competitivo está a obrigar as empresas a melhorar a sua qualidade e os seus serviços, reduzindo simultaneamente os custos. Por conseguinte, as empresas estão a considerar todos os factores que podem contribuir para reduzir os custos e aumentar a produtividade. Uma forma de o conseguir é melhorar o desempenho da cadeia de abastecimento. Como o aprovisionamento é uma das actividades mais críticas na gestão da cadeia de abastecimento, os fornecedores devem

A seleção é importante para as empresas melhorarem o seu desempenho. Fazer negócios com fornecedores adequados traz muitos benefícios a longo prazo para as empresas. Este tópico aborda o objetivo da seleção de fornecedores e os seus procedimentos.

A seleção de fornecedores é uma decisão crítica na cadeia de abastecimento porque os fornecedores desempenham um papel importante no desempenho de uma empresa. A qualidade do produto final e a produtividade global são altamente dependentes dos produtos e serviços fornecidos. (Ravindran & Wadhwa 2009; González et al. 2004) Por conseguinte, pode dizer-se que todos os fornecedores de uma cadeia contribuem para o desempenho do produto final que é vendido aos consumidores. Quando um fornecedor entra numa cadeia de abastecimento já existente, isso afecta todas as empresas da cadeia de abastecimento. Por conseguinte, as empresas investem muito esforço na seleção de fornecedores para encontrar o melhor fornecedor possível. O esforço necessário para o processo de seleção aumenta com a importância dos bens ou serviços a adquirir (Monczka et al. 2009).

O processo de seleção de fornecedores deve ter como objetivo a melhoria contínua. Os novos fornecedores podem trazer melhorias, reduzindo os riscos de compra e maximizando o valor global para o cliente. (González et al. 2004; Monczka et al. 2009) De acordo com Monczka et al. (2009), a seleção eficaz de fornecedores oferece às organizações a oportunidade de melhorar a rentabilidade e aumentar a satisfação do cliente de quatro formas: (1) preços competitivos, (2) serviço de entrega, (3) qualidade do produto e (4) variedade do produto (Tracey & Tan 2001).

Uma empresa pode necessitar de um novo fornecedor por várias razões, tais como o desenvolvimento de um novo produto, a insuficiência de fornecedores, a expiração de um contrato com um fornecedor, a aquisição de novas máquinas ou a expansão para novos mercados (Monczka et al. 2009). Em qualquer caso, a empresa deve seguir alguns procedimentos antes de decidir sobre um fornecedor. O tópico seguinte explicará esses procedimentos.

3.2.2 Etapas do processo de seleção de fornecedores:

As etapas do processo de seleção de fornecedores são explicadas em muitas publicações. Cada autor concebe o seu próprio diagrama para as etapas da seleção de fornecedores. A Figura 3 mostra o resumo das etapas descritas por diferentes autores.

A ilustração mostra as etapas básicas do processo de seleção de fornecedores. A ordem das etapas pode ser alterada ou podem ser acrescentadas etapas adicionais, consoante as circunstâncias. A primeira etapa consiste em determinar a necessidade de um novo fornecedor. Pode ser necessário um novo fornecedor porque os fornecedores actuais não são suficientemente eficientes ou porque é necessária uma nova peça/produto. Esta etapa é da responsabilidade dos gestores de compras; no entanto, para a aquisição de uma nova peça/produto, os engenheiros fornecem as especificações dos bens ou produtos necessários.

serviços (Monczka et al. 2009; Ravindran & Wadhwa 2009). Quando os gestores chegam a acordo sobre a procura, passam à etapa seguinte.

Em segundo lugar, deve ser definida a estratégia de aquisição. A estratégia inclui o

número de fornecedores, o tipo de relações e o tipo de fornecedores (Masella et al. 2000;

Monczka et al. 2009). O cliente decide se opta por uma única fonte de abastecimento ou por uma fonte múltipla.

Existem várias razões para trabalhar com vários fornecedores em vez de apenas um. Principalmente, o multi-sourcing minimiza os riscos, uma vez que alguns artigos podem ser adquiridos a diferentes fornecedores (Ravindran & Wadhwa 2009). O tipo de relação tem diferentes significados, como a relação a longo prazo ou a curto prazo ou a integração entre o fornecedor e o cliente (Masella et al. 2000; Monczka et al. 2009). As relações de longo prazo e estreitas exigem mais esforço e investimento, mas têm muitos benefícios a longo prazo, tanto para o cliente como para o fornecedor (Masella et al. 2000). O tipo de fornecedor pode variar consoante a aquisição e a empresa. Por exemplo, algumas empresas só consideram os fornecedores nacionais em determinadas situações (Monczka et al. 2009).

Em terceiro lugar, os critérios que são importantes para o cliente devem ser identificados para avaliar os fornecedores. O objetivo desta etapa é compreender quais são os factores críticos para o cliente e selecionar os fornecedores tendo em conta esses factores críticos. Ao selecionar os fornecedores,

mais do que um fator deve ser considerado; por conseguinte, o problema de seleção de fornecedores é também referido como um problema multicritério (Deshmukh & Chaudhari 2011). Além disso, estes critérios podem ser tanto quantitativos como qualitativos. De acordo com Ravindran e Wadhwa (2009), existem dois tipos de critérios de seleção. O primeiro tipo é constituído por critérios relacionados com os fornecedores, como os riscos potenciais, a capacidade e a localização do fornecedor. O segundo tipo inclui critérios que se relacionam diretamente com o produto ou serviço desejado, como o tipo ou o ciclo de vida.

(Ravindran & Wadhwa 2009) A lista de critérios de um cliente deve ser uma combinação destes tipos. Uma seleção eficaz de critérios ajuda as organizações a encontrar fornecedores que possam oferecer preços competitivos, melhor serviço de entrega, melhor qualidade e variedade de produtos (Tracey & Tan 2001). Estas vantagens podem ser alcançadas através de factores bem determinados ou, por outras palavras, de critérios múltiplos (Park et al. 2010). O conceito de critérios é aqui introduzido e uma análise detalhada dos critérios de seleção de fornecedores é apresentada nos próximos capítulos.

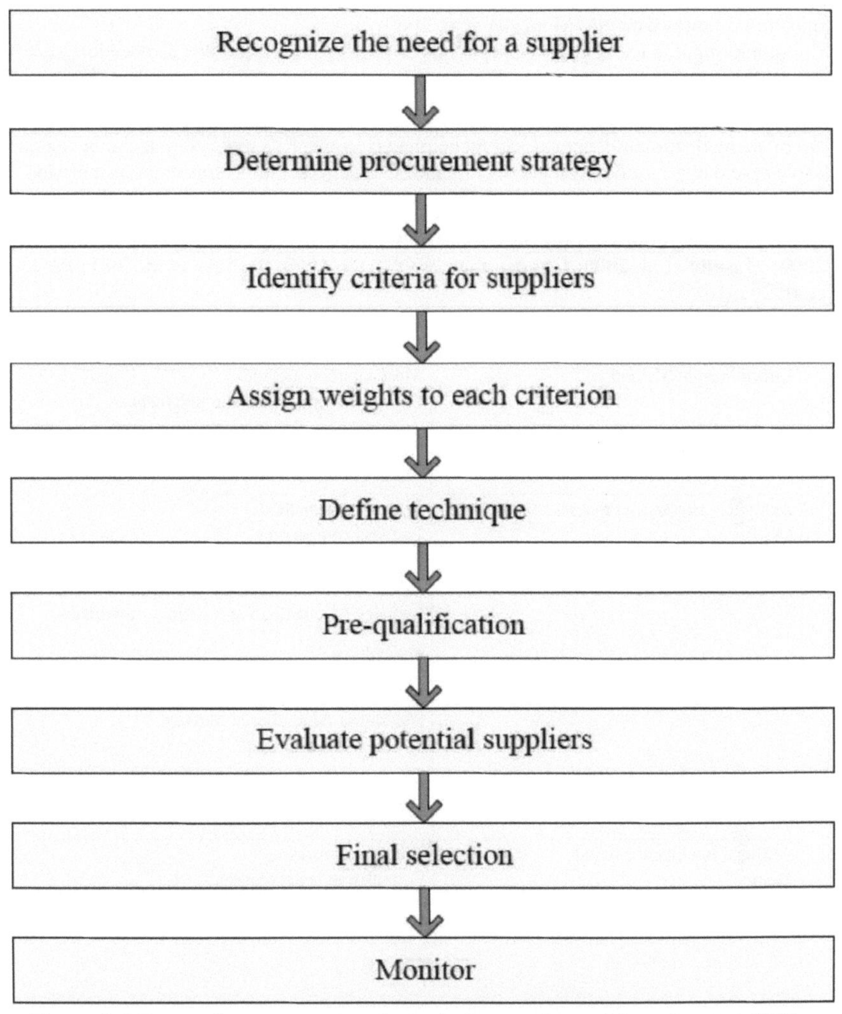

Figura 3.3 Etapas do processo de seleção de fornecedores (Monczka et al. 2009; Ravindran & Wadhwa 2009)

Cada critério tem um valor diferente para o cliente. Uma boa forma de compreender o valor de cada critério é atribuir pesos a cada critério. Por conseguinte, o quarto passo após a definição dos critérios é determinar a ponderação. Em seguida, os fornecedores podem ser avaliados e os pesos para cada fornecedor podem ser calculados (Lee et al. 2001). A determinação dos pesos também fornece à empresa informações sobre os valores que são

mais importantes para ela (Monczka et al. 2009).
Em quinto lugar, a técnica de avaliação dos critérios e de seleção dos fornecedores é determinada pela empresa cliente. Existem vários métodos propostos e discutidos na literatura.

No presente documento, apenas são mencionadas as técnicas mais comuns, uma vez que não é esse o objetivo do presente documento. O quadro seguinte apresenta os métodos mais comuns de seleção de fornecedores.

Quadro 3.1 Métodos comuns de seleção de fornecedores (Ravindran & Wadhwa 2009; Masella et al. 2000; Ghodsypour & O'Brien 1998; de Boer et al. 2001; Park et al. 2010)

Method Name	Features
Linear Weight Method	Most common method Depends on mostly human judgments
Cost Ratio Method	Relatively complicated method Requires financial information
Analytical Hierarchy Process (AHP)	Widely used method Pairwise comparison Flexible Accurate Includes quantitative and qualitative alternatives
Total Cost of Ownership (TCO)	Understands true cost of a purchase Determine value of each function Selects the lowest cost
Mathematical Programing Methods	A formulation method Maximizes or minimizes values
Artificial Intelligence based Method	Neutral networks Formulation is not required Able to cope with complexity and uncertainty

Como se pode ver no Quadro 3.1, os diferentes métodos têm caraterísticas diferentes, pelo que as empresas clientes podem escolher o que melhor se adequa ao seu sistema de seleção de fornecedores.

A sexta etapa do processo de seleção de fornecedores é a pré-qualificação. Alguns autores classificam esta etapa como anterior à definição de critérios, enquanto outros a colocam após o processo de seleção de fornecedores. Independentemente do seu lugar, tem como objetivo reduzir o número de fornecedores com a ajuda de alguns critérios básicos (Monczka et al. 2009). Por conseguinte, após a etapa de pré-qualificação, o comprador pode concentrar-se num pequeno número de fornecedores a avaliar e o esforço global pode ser reduzido (Ravindran & Wadhwa 2009).

Sétimo: Os potenciais fornecedores são avaliados pelo cliente antes de tomar uma decisão final. Antes desta etapa, os fornecedores devem ser eliminados, pelo que este processo só é efectuado para alguns fornecedores (Ravindran & Wadhwa 2009). De acordo com Monczka et al (2009), a avaliação é efectuada para obter mais informações sobre os fornecedores. As informações podem ser recolhidas visitando os fornecedores e obtendo informações de fontes externas sobre os fornecedores. (Monczka et al. 2009).

Por fim, é selecionado o fornecedor mais adequado para a aquisição e, em seguida, é estabelecida a relação. No entanto, a avaliação do fornecedor nunca está concluída. O fornecedor é monitorizado e controlado durante toda a duração da relação comercial. As empresas avaliam regularmente os seus fornecedores e dão-lhes feedback para corrigir deficiências e melhorar a sua relação. (Ravindran & Wadhwa 2009; Monczka et al. 2009; Sonmez 2006).

3.2.3 Compreensão do processo de seleção de fornecedores:

O processo de seleção de fornecedores é geralmente um processo complexo que é composto por vários factores (Park et al. 2010; Davidrajuh 2003). Em primeiro lugar, mais do que um critério é considerado no processo de seleção. Enquanto um potencial fornecedor pode ter um melhor desempenho num critério, outros potenciais fornecedores podem ter um melhor desempenho noutros critérios. Isto deve-se ao facto de cada fornecedor ter uma especialidade diferente e a tarefa de um cliente é encontrar o fornecedor ideal. (Park et al. 2010) Para encontrar o ótimo na seleção multicritério, as empresas utilizam vários métodos. Em segundo lugar, as decisões de seleção de fornecedores são tomadas por várias pessoas.

Em algumas situações, pessoas de diferentes níveis de autoridade desempenham um papel no processo de tomada de decisão. Este facto torna o processo de decisão mais longo e mais complexo. Em terceiro lugar, o processo de decisão depende do produto a adquirir. Por outras palavras, o mesmo processo de decisão não pode ser aplicado a todos os produtos ou serviços fornecidos. Por exemplo, os procedimentos de aquisição mudam consoante os produtos fornecidos sejam bens de equipamento ou MRO (manutenção, reparação, operação). Por último, a natureza da relação também muda e determina o processo de tomada de decisão. As empresas aplicam procedimentos diferentes para fornecedores de curto e longo prazo ou para fornecedores cooperativos e não cooperativos. As diferenças e a utilização de métodos diferentes também complicam o processo de tomada de decisão das empresas clientes. (Davidrajuh 2003)

O processo de seleção de fornecedores foi descrito com o seu significado, etapas e métodos. O objetivo da discussão do processo de seleção de fornecedores é introduzir e compreender o conceito de critérios de seleção de fornecedores. Por conseguinte, o próximo tópico abordará os critérios de seleção de fornecedores.

3.3 Critérios de seleção dos fornecedores:

No tópico anterior, foi mencionado que o objetivo do processo de seleção de fornecedores é encontrar o fornecedor ideal para a empresa. No entanto, um fornecedor ótimo não é necessariamente aquele que oferece o produto mais barato ou o melhor serviço de entrega. Para além do custo e do serviço de entrega, devem ser considerados muitos outros factores para determinar o fornecedor ideal. Centenas de critérios para o processo de seleção de fornecedores foram propostos na literatura (Ho et al. 2010). Neste tópico, são apresentados os critérios de seleção de fornecedores e a sua aplicação.

No processo de seleção de fornecedores, as organizações avaliam e eliminam potenciais fornecedores. Kahraman et al (2003) afirmam que os critérios permitem o processo de eliminação, ajudando a determinar se um fornecedor está ou não alinhado com a estratégia da organização. Os critérios são vistos como um sistema de medição através do qual os fornecedores podem ser avaliados em termos da sua força financeira, abordagem de gestão, capacidades, capacidades técnicas, recursos e sistemas de qualidade. (Kahraman et al. 2003) O processo de seleção de fornecedores deve incluir vários critérios e estes critérios devem ser suficientemente aprofundados para considerar todos os aspectos do fornecedor, como a gestão, as pessoas, a tecnologia e as finanças (Tracey & Tan 2001; Ng 2008). Em suma, as empresas podem utilizar critérios para avaliar os seus fornecedores em muitos aspectos diferentes.

A literatura oferece várias opções para a categorização de critérios no processo de seleção de fornecedores. Uma delas, proposta por Masella et al. (2000), categoriza as categorias de acordo com a sua posição na cadeia de abastecimento como variáveis de saída, variáveis de entrada e variáveis de estado. Em primeiro lugar, as variáveis de entrada são alavancas que um fornecedor tem à sua disposição, tais como investimentos e factores ambientais. Em segundo lugar, as variáveis de estado são os recursos de um fornecedor que são utilizados no processo de produção, como os recursos de fabrico e os recursos tecnológicos. Em terceiro lugar, as variáveis de resultados indicam o desempenho final de um fornecedor, como o desempenho da produção e o desempenho tecnológico. Os clientes definem os critérios tendo em conta estas três variáveis, e a lista final de critérios deve abranger as três variáveis para permitir uma boa auditoria. (Masella et al. 2000)

Outra abordagem comum na literatura é a seleção de fornecedores com base em três aspectos. Estes são (1) o grau de integração entre o comprador e o fornecedor, (2) a situação competitiva da empresa e (3) as estratégias empresariais. O quadro 2 apresenta os critérios de exemplo para diferentes níveis de integração. Existem cinco níveis no quadro.

O nível 1 representa uma relação sem qualquer integração, que inclui apenas actividades de compra e entrega. O nível 5 representa uma parceria comercial estreita e cooperativa. Para o nível

1, Apenas os critérios de preço e qualidade são tidos em conta na seleção dos fornecedores. Quanto maior o nível de integração, mais critérios são incluídos na lista. Por conseguinte, as relações com um elevado nível de integração exigem uma análise mais aprofundada e uma seleção mais pormenorizada.

Quadro 3.2 Critérios com diferentes graus de integração (Ghodsypour & O'Brien 1998)

Level of Integration	Definition	Criteria
Level 1	No integration	Price, quality
Level 2	logistic integration	price, quality + reliability, flexibility, lots, lead time
Level 3	Operational integration	price, quality, reliability, flexibility, lots, lead time + process capability, high flexibility, JIT
Level 4	integration in process and products	price, quality, reliability, flexibility, lots, lead time, process capability, high flexibility, JIT + human resource, design involvement, management ability, culture
Level 5	business partnership	price, quality, reliability, flexibility, lots, lead time, process capability, high flexibility, JIT, human resource, design involvement, management ability, culture + best supplier in human resource and technology

Sim et al. (2010) categorizam os critérios em seis categorias principais: (1) preço, (2) entrega, (3) qualidade, (4) serviços, (5) relação, (6) gestão e estatuto organizacional. Todas as outras subcategorias podem então ser consideradas no âmbito destas categorias principais. (Sim et al. 2010) Vários autores estabeleceram diferentes categorias principais para categorizar os critérios e algumas delas são mencionadas no tópico seguinte.

Uma vez estabelecida a lista de critérios, verifica-se geralmente que os critérios são inconsistentes entre os potenciais fornecedores. Embora alguns fornecedores sejam muito bons num determinado critério, podem ser piores noutro critério selecionado. Este é o desafio mais difícil na seleção de fornecedores. (Ravindran & Wadhwa 2009) Braglia e Petroni descrevem esta situação como o facto de o cliente ter de fazer um trade-off entre factores tangíveis e intangíveis (Braglia & Petroni 2000). Este processo é também referido na literatura como otimização de critérios para a seleção de fornecedores (Ravindran & Wadhwa 2009).

Devido a vários factores do mundo empresarial, como a globalização e a concorrência crescente, a importância de cada critério mudou. No entanto, alguns critérios são sempre considerados críticos. Estes critérios são principalmente o preço (custo), a qualidade e a entrega (Monczka et al. 2009). No próximo capítulo, os critérios de seleção de fornecedores são analisados em pormenor em termos de história, desenvolvimento e futuro.

Capítulo 4

Noções básicas de seleção de fornecedores

Critérios

4.1 Histórico dos critérios de seleção dos fornecedores:

Os critérios de seleção de fornecedores têm sido analisados e discutidos na literatura desde a década de 1960. O primeiro artigo sobre seleção de fornecedores foi publicado em 1966 (Nakashima & Gupta 2013). Dickson (1966) publicou um artigo intitulado "An analysis of vendor selection systems and decisions in 1966" (Dickson 1966). Para determinar os critérios mais importantes na seleção de fornecedores, enviou um questionário a 273 compradores e gestores da Associação Nacional de Gestores de Compras (Benyoucef et al. 2003). Os gestores selecionaram os seus critérios para a seleção de fornecedores e Dickson identificou 23 critérios importantes com base nos resultados do questionário (Dickson 1966). O quadro 4.1 apresenta estes 23 critérios do estudo de Dickson com o seu nível de importância.

Quadro 4.1 Critérios de Dickson para a seleção de fornecedores (Dickson 1966)

Number	Factor	Mean	Relative importance
1	Quality	3.508	Extreme importance
2	Delivery	3.417	
3	Performance History	2.998	
4	Warranties & Claim Policies	2.849	
5	Production Facilities and Capability	2.775	Considerable importance
6	Price	2.758	
7	Technical Capability	2.545	
8	Financial Position	2.514	
9	Procedural Compliance	2.488	
10	Communication System	2.426	
11	Reputation and Position in Industry	2.412	
12	Desire for Business	2.256	

13	Management and Organization	2.216	
14	Operating Controls	2.211	
15	Repair Service	2.187	Average importance
16	Attitude	2.120	
17	Impression	2.054	
18	Packaging Ability	2.009	
19	Labor Relations Record	2.003	
20	Geographical Location	1.872	
21	Amount of Past Business	1.597	
22	Training Aids	1.537	
23	Reciprocal Arrangements	0.610	Slight importance

Como se pode ver no quadro 4.1, os critérios mais importantes foram a qualidade, a entrega e o historial de desempenho, respetivamente. Inesperadamente, o preço não figurava entre os três principais critérios de seleção dos gestores. Dickson (1966) também constatou que os parâmetros importantes podem mudar em diferentes sectores. O quadro 4 apresenta os critérios mais importantes selecionados em quatro indústrias diferentes. De acordo com o quadro, os cinco critérios mais importantes são mais ou menos os mesmos em diferentes sectores; no entanto, a ordem de importância pode mudar consoante o sector. (Dickson 1966)

Quadro 4.2 Factores mais importantes por situação (Dickson 1966)

Importance Rank	**Case A: Paint**	**Case B: Desks**
1	Quality	Price
2	Warranties	Quality
3	Delivery	Delivery
4	Performance History	Warranties
5	Price	Performance History
Importance Rank	**Case C: Computers**	**Case D: Art Work**
1	Quality	Delivery
2	Technical Capability	Production Capacity
3	Delivery	Quality
4	Production Capacity	Performance History
5	Performance History	Communication System

O estudo de Dickson confirmou que o preço nem sempre é o fator decisivo na seleção do fornecedor. Na altura, os critérios mais importantes eram a qualidade, a fiabilidade da entrega, o historial de desempenho e a política de garantia. O desempenho técnico e a capacidade de produção eram também tão importantes como o preço de um produto. (Dickson 1966)

Em 1980, Shipley realizou um estudo sobre os critérios de seleção de fornecedores e apresentou quatro grupos de critérios. Estes são (1) o produto esperado, (2) o produto alargado, (3) a disponibilidade de informação e (4) a eficiência. O produto esperado é o critério mais importante, englobando todas as caraterísticas de um produto que o cliente compra.

O produto melhorado inclui todas as vantagens adicionais do produto, como a qualidade da embalagem, as ofertas de venda rápidas, a gama de produtos e as condições de crédito. A disponibilidade de informação é também considerada um fator importante, uma vez que reduz o nível de risco e de incerteza. Por último, a eficiência significa o funcionamento eficaz do fornecedor, tal como a sua produtividade e rendibilidade. Shipley também afirmou que o preço não é o fator mais importante nas aquisições. (Shipley 1980) Na sequência do estudo de Dickson sobre os critérios de seleção dos fornecedores, Weber et al. (1991) efectuaram um estudo pormenorizado dos artigos escritos depois de 1966. Analisou 74 artigos e classificou-os com base nos 23 critérios selecionados por Dickson. O autor constatou que o preço, a entrega, a qualidade e o serviço eram fundamentais e que eram frequentemente mencionados nos artigos que examinou. (Weber et al. 1991) O estudo de Weber é o estudo mais exaustivo após

O questionário de Dickson, embora se deva notar que os seus métodos de investigação eram diferentes.

Benyoucef et al. (2003) discutem a investigação de Weber e consideram que o desenvolvimento do ambiente industrial alterou o significado da lista de critérios de Dickson. Critérios como o sistema de comunicação, o desejo da empresa e a gestão da organização são importantes no ambiente industrial, mesmo que não estejam no topo da lista. (Benyoucef et al. 2003) Weber et al. (1991) afirmam que o fabrico JIT surgiu após o estudo de Dickson e que a localização geográfica é de grande importância no ambiente JIT (Weber et al. 1991).

Os resultados do estudo de Weber mostram que os critérios mais importantes foram o preço (90%), a qualidade (86%) e a entrega (76%). As instalações de produção e a capacidade de produção eram os critérios seguintes na lista. (Weber et al. 1991) De acordo com Deshmukh e Chaudhari (2011), no estudo de Weber et al. (1991), as informações financeiras e a estabilidade do fornecedor não eram tão importantes, pois não havia relações estreitas entre o fornecedor e o cliente. Os sistemas de comunicação também não eram importantes, uma vez que a partilha de informações não era considerada. O fornecimento global não era popular e a localização geográfica era extremamente importante.

importante para os clientes na escolha dos seus fornecedores, uma vez que a logística global ainda não tinha melhorado nessa altura. (Deshmukh & Chaudhari 2011)

De acordo com a investigação de Weber em 1991, a globalização alterou os critérios de seleção dos fornecedores. Alguns factores influenciaram os critérios, como a cultura, a comunicação, as relações, as taxas de câmbio e as tarifas. Além disso, antes da década de 1990, os critérios quantitativos eram predominantes; no entanto, após a década de 1990, os critérios tornaram-se mais qualitativos (Kar & Pani 2014). Estas mudanças levaram ao predomínio da qualidade e do serviço sobre o preço e ao aparecimento dos princípios JIT (Ravindran & Wadhwa 2009).

Este tópico tentou dar uma ideia da história e do desenvolvimento dos critérios de seleção de fornecedores; o próximo tópico explicará os critérios importantes e corretos para a seleção de fornecedores no mundo atual.

4.2Como escolher os critérios corretos para a seleção de fornecedores?

4.2. 1Conceito de critérios principais e subcritérios

Como se sabe no capítulo anterior, os critérios mais populares e frequentemente mencionados para a seleção de fornecedores são o preço líquido, a qualidade e a entrega (Deshmukh & Chaudhari 2011; Park et al. 2010). Existem muitos subcritérios considerados no âmbito do conceito de preço, qualidade e entrega. O quadro 4.3 apresenta os subcritérios mais populares destes três critérios principais.

Tabela 4.3 Subcritérios preferidos de preço, qualidade e entrega (Deshmukh & Chaudhari 2011; Sim et al. 2010)

Criteria	Price	Quality	Delivery
Subcriteria	• Low price • logistic costs • Free after sales service • Ordering price • Discount for bulk order • Discount for early payment	• Meeting minimum standard & requirement • Long durability • ISO certified • Low rejection/return date • Provide sample before first ordering	• On time delivery • Short delivery lead time • Reliable delivery method • Good packaging • Product received in good condition • No error in product type & quantity • Delivery capacity • JIT capability

O preço, a qualidade e a entrega são considerados critérios tradicionais, uma vez que eram os únicos parâmetros importantes para a seleção de fornecedores no passado (Kannan & Tan 2006).

Atualmente, porém, as empresas devem avaliar a capacidade global de um fornecedor. A capacidade global inclui parâmetros como a capacidade de produção, a capacidade tecnológica e a reputação. (Wong et al. 2012)

Para além do preço, da qualidade e da entrega, os gestores de compras e os autores que investigam os critérios de seleção dos fornecedores estabeleceram os seus próprios critérios principais. Depois de categorizarem os critérios principais, determinam os subcritérios para cada critério principal (Benyoucef et al. 2003). Isto torna a categorização dos critérios mais simples e mais fácil de compreender. Calvi et al. (2010) propõe uma hierarquia de critérios para categorizar os fornecedores.

Inclui três classificações principais, a saber

1. Benefícios potenciais imediatos através do envolvimento do comprador, incluindo a redução de custos, a melhoria da qualidade e a melhoria da entrega;
2. Os factores de sucesso incluem a capacidade dos fornecedores, o seu empenho e a qualidade das relações;

3. A importância estratégica dos fornecedores inclui a competitividade dos fornecedores e a avaliação dos riscos. (Calvi et al. 2010) Sim et al. (2010) utilizaram seis critérios principais no estudo dos critérios de seleção de fornecedores na Malásia. Três dos principais critérios foram os mais populares (custo, qualidade e entrega) e os restantes três foram serviços, relações com os fornecedores e gestão e organização. (Sim et al. 2010)

4.2.2 Comparação de critérios e popularidade:

Os critérios comuns e importantes foram discutidos no último tópico. Os critérios que são importantes atualmente também foram analisados por vários autores. Deshmuhk e Chaudhari (2011) repetiram o estudo de Weber de 1991, analisando artigos até 2011 e categorizando-os de acordo com os 23 critérios de Dickson. Os 23 critérios de Dickson foram comparados com o estudo de Weber e a popularidade atual foi analisada. A Tabela 4.4 mostra a comparação entre o estudo de Dickson, Weber et al. e Deshmuhk & Chaudhari. A tabela mostra o número de artigos para cada critério e a sua percentagem.

De acordo com Deshmukh e Chaudhari (2011), o preço líquido, a qualidade, a entrega, as instalações de produção, as capacidades técnicas e a localização financeira tornaram-se mais populares após o estudo de Weber. Por outro lado, o número de itens que mencionam a localização geográfica, o serviço de reparação e a atitude diminuiu significativamente (Deshmukh & Chaudhari 2011).

Uma outra comparação de critérios para a seleção de fornecedores foi realizada por Cheraghi et al. (2004). Neste estudo, o estudo de Weber et al. (1991) foi repetido e o número de artigos em que cada critério ocorreu foi determinado. (Cheraghi et al. 2004) A Tabela 4.5 mostra o resultado deste estudo. O estudo também contém novos critérios que não foram incluídos na lista original de 23 critérios.

Quadro 4.4 Alterações na importância dos critérios ao longo dos anos (Dickson 1966; Weber et al. 1991);

Deshmukh & Chaudhari 2011)

Criteria	Dickson (1966)	Weber et al. (1991)		Deshmuhk & Chaudhari (2011)		
	Rank	No.	%	No.	%	Rank
Quality	1	40	53	42	86	2
Delivery	2	44	58	37	76	3
Performance history	3	7	9	5	11	7
Warranties & Claim Policies	4	0	0	2	4	13
Production Facilities and Capability	5	23	30	22	45	4
Price	6	61	80	44	90	1
Technical Capability	7	15	20	16	39	5
Financial Position	8	7	9	15	31	6
Procedural Compliance	9	2	3	2	4	13
Communication System	10	2	3	5	11	7
Reputation and Position in Industry	11	8	11	3	7	12
Desire for Business	12	1	1	0	0	21
Management and Organization	13	10	13	5	11	7
Operating Controls	14	3	4	5	11	7
Repair Service	15	7	9	2	4	13
Attitude	16	6	8	1	2	19
Impression	17	2	3	0	0	21
Packaging ability	18	3	4	2	4	13
Labor Relations Record	19	2	3	2	4	13
Geographical Location	20	16	21	5	11	7
Amount of Past Business	21	1	1	0	0	21
Training Aids	22	2	3	2	4	13
Reciprocal Arrangements	23	2	3	1	2	19

Quadro 4.5 Lista de critérios comuns em dois anos diferentes (Cheraghi et al. 2004; Weber et al. 1991)

Cheraghi et al. (2004)	Weber et al. (1991)	Criteria
1	3	Quality
2	2	Delivery
3	1	Price
4	10	Repair service
5	5	Technical Capability
6	4	Production Facilities and Capacity
7	9	Financial Position
8	7	Management and Organization
9	New	Reliability
10	New	Flexibility
11	8	Attitude
12	13	Communication System
13	10	Performance History
14	6	Geographical Location
15	New	Consistency
16	New	Long-term Relationship
17	14	Procedural Compliance
18	12	Impression
19	13	Reciprocal Arrangements
20	New	Process Improvement
21	New	Product Development
22	New	Inventory Costs
23	New	JIT
24	New	Quality Standards
25	New	Integrity
26	New	Professionalism
27	New	Research
28	News	Cultural
29	8	Reputation and Position in Industry
30	13	Labor Relations Record

Passe	11	Operating Controls
Passe	11	Packaging Ability
Passé	13	Training Aids
Passe	14	Desire for Business
Passe	15	Amount of Past Business
Passe	15	Warranties & Claim Policies

De acordo com Cheraghi et al (2004), alguns critérios já não são mencionados na literatura como critérios críticos para a seleção de fornecedores. São eles as inspecções à fábrica, as instalações de embalagem, as ajudas à formação, o interesse comercial, o volume de negócios anteriores e a política de garantias e reclamações. Por outro lado, existem alguns critérios novos que se estabeleceram. São eles a fiabilidade, a flexibilidade, a consistência, a relação a longo prazo, a melhoria do processo, a melhoria do produto, o custo do inventário, o JIT, as normas de qualidade, a integridade, o profissionalismo, a investigação e a cultura. (Cheraghi et al. 2004) Com a ajuda de 13 novos critérios e 6 critérios obsoletos, a lista de 23 critérios de Dickson foi melhorada.

4.2. 3Uma outra abordagem para a definição dos critérios:

Até agora, este documento discutiu os critérios significativos, que foram determinados apenas pelo número de artigos em que cada critério aparece. Há também um número considerável de artigos na literatura que analisam os critérios críticos numa indústria ou num país.

Estes estudos são efectuados através de entrevistas ou questionários com gestores de compras de diferentes empresas. Por exemplo, Kar e Pani (2014) analisaram os critérios de seleção de fornecedores para os fabricantes indianos e os resultados mostram que os critérios mais importantes são a qualidade, o cumprimento do calendário de entrega, o preço, os dados financeiros do fornecedor e a capacidade de transação (Kar & Pani 2014). Os fabricantes da Malásia foram analisados por Sim et al. (2010) e os resultados mostram que existem seis critérios principais para a seleção de fornecedores.

Estes são a qualidade, a entrega, o custo, o serviço, as relações e o estatuto organizacional. (Sim et al. 2010) Por conseguinte, pode dizer-se que os critérios de seleção de fornecedores podem depender da situação. De acordo com Kar e Pani (2014), os critérios de seleção de fornecedores são específicos de cada caso, ou seja, a lista de critérios é alterada em diferentes situações (Kar & Pani 2014). Vários autores explicam que a classificação dos critérios depende dos seguintes factores;

-países (Braglia & Petroni 2000; Kar & Pani 2014)
-indústrias (Braglia & Petroni 2000; Kar & Pani 2014)
-Tamanho da empresa (Kar & Pani 2014)
-Áreas de estudo (Braglia & Petroni 2000)

- Produtos (Cheraghi et al. 2004)
- Tipo de cooperação (Davidrajuh 2003)

Em primeiro lugar, a importância de cada critério varia de país para país. Existem diferenças consideráveis na seleção de fornecedores entre os países industrializados e os países em desenvolvimento. A cultura do país também tem influência nos critérios de seleção dos fornecedores. Por exemplo, as diversas diferenças culturais na Índia afectam os critérios de seleção de fornecedores. (Kar & Pani 2014) Em segundo lugar, a importância dos critérios pode mudar em diferentes sectores, mesmo que estejam situados no mesmo país, como os produtos de grande consumo e as indústrias pesadas. Em terceiro lugar, a dimensão da empresa também determina a sua estratégia de aquisição e seleção de fornecedores. Nomeadamente, as necessidades das grandes empresas podem ser bastante diferentes das das pequenas e médias empresas. Em quarto lugar, os estudos de Braglia e Petroni mostram que os critérios podem mudar não só consoante a indústria e o país, mas também em diferentes áreas de estudo (Braglia & Petroni 2000). Em quinto lugar, Cheraghi et al. (2004) referem que o tipo de produto adquirido ao potencial fornecedor é também um fator determinante para os critérios. Por exemplo, o preço é relativamente pouco importante para produtos mais complexos, enquanto a competência técnica e a capacidade são mais importantes. Por outro lado, na compra de produtos comuns (como porcas e parafusos), o preço é um fator decisivo. (Cheraghi et al. 2004) Finalmente, Davidrajuh (2003) assume que a relação esperada e planeada e a proximidade entre o fornecedor e o cliente são factores decisivos para os critérios de seleção do fornecedor. (Davidrajuh 2003)

Em resumo, pode dizer-se que no ambiente de seleção de fornecedores, alguns critérios estão a tornar-se cada vez mais populares, enquanto outros estão ultrapassados. No entanto, os gestores de compras escolhem os seus critérios independentemente da popularidade e do tempo. Escolhem os seus critérios em função do seu país, da sua indústria, da sua posição na indústria, do produto desejado e da natureza da relação comercial planeada. O próximo tópico analisará as tendências futuras dos critérios de seleção de fornecedores.

4.3 Desenvolvimento de critérios para a seleção de fornecedores:

O ambiente empresarial está em constante mudança; as empresas estão a evoluir e a adaptar-se às novas condições do sector. A concorrência global entre empresas está a tornar-se cada vez mais feroz e os clientes estão a tornar-se mais exigentes.

As empresas devem, por conseguinte, melhorar os seus produtos e serviços e, simultaneamente, reduzir os custos.

Têm de acelerar os ciclos dos produtos, concentrar-se mais nas suas competências essenciais e maximizar os seus níveis de serviço. (Choy et al. 2004) Consequentemente, as empresas transformadoras estão a reduzir o número de fornecedores e a concentrar-se num menor número de fornecedores, estabelecendo relações mais estreitas e de longo prazo. Atualmente, um fornecedor já não é apenas um vendedor para as empresas, mas também um parceiro comercial. (Sim et al. 2010) Com o aumento dos parceiros comerciais nas relações, estão a ocorrer as seguintes alterações;

- São selecionados menos fornecedores
- Contratos a longo prazo em vez de contratos a curto prazo
- Desenvolvimento através do empenhamento na parceria em vez de desenvolvimento através de ofertas
- Os benefícios da melhoria são distribuídos uniformemente

- Participação ativa nas questões de conceção
- Empenho na melhoria contínua
- Os problemas são resolvidos em conjunto com fornecedores e clientes
- Aumento das quotas de informação
- A capacidade de utilizar as tecnologias da informação é mais importante

(Frederick 2000; Deshmukh & Chaudhari 2011; Kar & Pani 2014)

Outra melhoria na seleção de fornecedores é a crescente consciência e responsabilidade social e ambiental (Wong et al. 2012). Embora as empresas tradicionais ainda considerem critérios como a qualidade e a flexibilidade como critérios predominantes, existe uma nova tendência, especialmente nas grandes empresas. Atualmente, muitas grandes empresas consideram os aspectos ambientais nas suas operações comerciais. Por conseguinte, os factores ambientais também são incluídos nos critérios de seleção dos fornecedores. Alguns dos critérios ambientais mais populares são a disponibilidade de tecnologias limpas, a utilização de materiais ecológicos, a capacidade de reduzir a poluição, uma imagem verde, as emissões de carbono, a conceção ecológica, os sistemas de gestão ambiental e as competências ambientais. (Humphreys et al. 2003)

A última tendência em matéria de critérios de seleção de fornecedores é o impacto da filosofia "lean". A produção optimizada está a tornar-se cada vez mais popular em muitas indústrias. As empresas estão a adotar todos os princípios da produção optimizada para melhorar os seus processos em conformidade. Nos primórdios da filosofia "lean", as técnicas de produção "lean" eram apenas conhecidas pelas operações de montagem final, mas atualmente todos os fornecedores diretos e indirectos estão a aprender e a aplicar os princípios "lean". Consequentemente, os princípios do lean manufacturing estão também a mudar e a moldar as actividades de compra e fornecimento. Para serem "lean", as empresas devem selecionar os seus fornecedores tendo em conta os princípios "lean". Algumas das mudanças populares que a filosofia lean sugere em relação aos fornecedores são a entrega just-in-time, a gestão global da qualidade e a melhoria dos processos (Wong et al. 2012).

Neste tópico, foram analisados os critérios de seleção de fornecedores. O próximo tópico dará uma visão sobre a filosofia Lean e as mudanças que ela propõe.

Capítulo 5

Indústria automóvel

5.1 Panorama do sector:

A indústria automóvel é constituída por empresas que desempenham um papel no fabrico e venda de veículos automóveis. A indústria foi fundada no início dos anos 1900 e é atualmente uma das maiores indústrias do mundo. Existe uma forte concorrência no sector e existem elevadas barreiras à entrada de novos intervenientes (Mushtaq & Sarwar 2011). Esta situação conduz à concentração geográfica do sector. A concentração geográfica resulta do comércio mundial de automóveis. Muitos países que fabricam automóveis exportam uma grande parte da sua produção (Haugh et al. 2010). A figura seguinte mostra as diferenças entre importações e exportações. Enquanto os EUA têm um défice comercial, o Japão tem um excedente comercial muito grande na indústria (Dicken 2011).

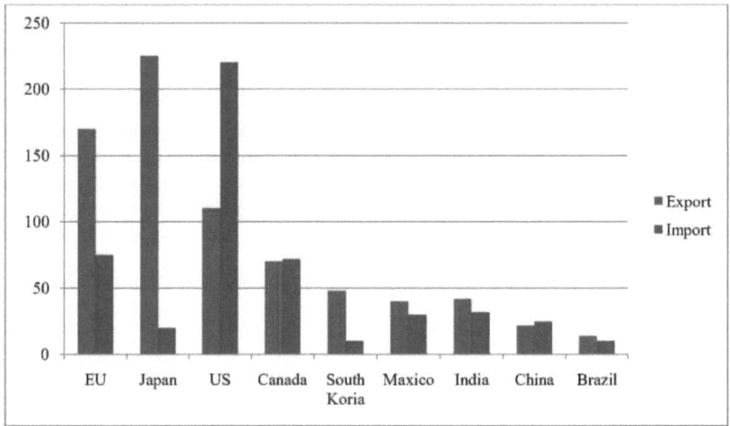

Figura 5.1 Principais exportadores e importadores da indústria automóvel (Dicken 2011)

A indústria automóvel mundial é constituída por empresas de grande dimensão que montam o produto final principalmente a partir de uma variedade de componentes. Os principais materiais fornecidos são o aço, a borracha, a eletrónica, o plástico, o vidro e os têxteis. A produção está altamente concentrada e a maior parte da produção tem lugar em sete países. A figura 6 mostra a produção mundial de automóveis de passageiros. (Dicken 2011)

Atualmente, muitas fábricas de montagem de automóveis no mundo têm um elevado grau de externalização e de entregas sequenciais (Aláez-Aller & Longás-García 2010). A indústria automóvel consiste na montagem de veículos e peças. As empresas líderes do sector realizam o desenvolvimento de produtos, a produção de motores e transmissões e a montagem final dos veículos nas suas próprias fábricas. Estas empresas detêm o poder na cadeia e podem controlar e coordenar a cadeia de abastecimento. (Sturgeon et al. 2009) A figura 7 mostra a estrutura básica de uma cadeia de produção automóvel. Na parte esquerda da figura, estão listadas as indústrias fornecedoras mais importantes. No centro estão os três principais processos antes da montagem final: o fabrico de carroçarias, componentes e motores e transmissões.

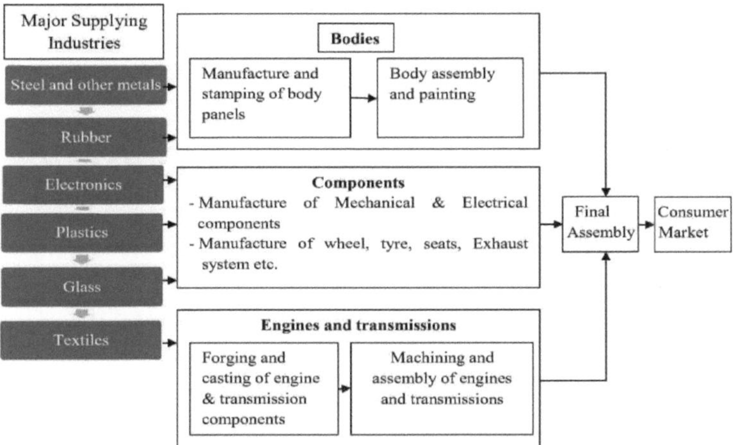

Figura 5.2 A cadeia de produção básica da indústria automóvel (Dicken 2003)

Os diferentes níveis de fornecedores na indústria automóvel também podem ser divididos em três fases. A produção flui dos três níveis para o fabricante final, o OEM. (Jaklic et al. 2005)

- Fornecedores de primeira classe
- Fornecedores de segunda linha
- Fornecedores de terceiro nível

Os fornecedores de primeira linha fornecem sistemas completos, tais como sistemas de travões, diretamente aos fabricantes de equipamento original. Oferecem um elevado grau de desenvolvimento de produtos. Os fornecedores de segunda linha fornecem módulos e componentes aos fornecedores de primeira linha. Por conseguinte, os fornecedores de primeira linha fornecem sistemas completos aos fabricantes de veículos. Por último, os fornecedores de terceiro nível fornecem matérias-primas e componentes técnicos gerais para a cadeia de abastecimento.

Os pontos fortes da indústria automóvel indiana são:

- Proximidade do mercado europeu,
- Capacidade atual e grande potencial da indústria de abastecimento
- Poder dos parceiros estrangeiros

• Competência tecnológica e forte gestão da qualidade

• A Índia como centro de produção da indústria automóvel através de parceiros estrangeiros

• Experiência de exportação

• Integração na União Europeia

• Organizações de vendas e marketing desenvolvidas (Baskak & Mihcioglu 2004)

Figura 5.3 Produção mundial de automóveis em 2014 (Anon 2014)

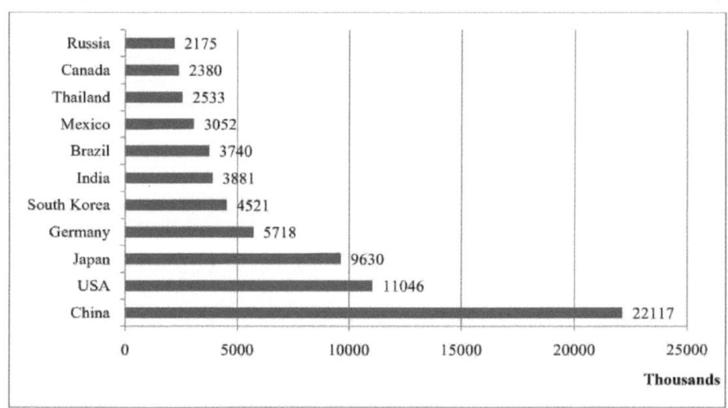

Os pontos fracos da indústria automóvel indiana são:

• Sobrecapacidades
• Número excessivo de empresas no sector
• Mercado interno instável
• Produção com custos elevados devido à baixa utilização da capacidade
• Organização ineficaz entre compradores, fornecedores e organizações de marketing
• Falta de formação técnica
• Aumento das exportações
• Impostos elevados sobre a produção (Baskak & Mihcioglu 2004)

Os pontos fortes e fracos mostram que a indústria automóvel na Índia é uma indústria em desenvolvimento que segue e adapta processos de outros países. A Índia tem um elevado potencial de exportação e precisa de mais experiência para se tornar um mercado estável.

Ver Figura 6.3 para a produção automóvel mundial em 2014, em que a China é o número 1, depois dos EUA, do Japão e da Alemanha.

5.2 Caraterísticas da indústria automóvel:

As caraterísticas mais importantes da indústria automóvel são

-Dependência da I&D
-Influência noutros sectores
-Dependência do investimento direto estrangeiro
-indústria concentrada
-Estrutura regional forte
-peças específicas para cada modelo de veículo

Em primeiro lugar, as actividades de investigação e desenvolvimento são muito comuns na indústria automóvel. Todas as empresas deste sector têm de melhorar constantemente a sua tecnologia. As principais razões para esta situação são a concorrência feroz no mercado e a evolução da procura dos clientes. (Baskak & Mihcioglu 2004).

Em segundo lugar, a indústria automóvel melhora muitas outras indústrias, uma vez que um produto é composto por muitas peças diferentes e personalizadas. Como já foi referido, os fabricantes de automóveis têm muitos fornecedores de diferentes sectores, como o ferro-aço, o plástico, a borracha, a petroquímica, o vidro, os têxteis, a eletricidade, a eletrónica e a engenharia mecânica. (Baskak & Mihcioglu 2004)

Desde a década de 1980, o investimento direto estrangeiro, a produção global e o comércio transfronteiriço aumentaram drasticamente em muitas indústrias, incluindo a indústria automóvel.

Países como a China, a Índia e o Brasil registaram grandes fluxos de IDE para abastecer os mercados locais e exportar para os países industrializados. As actividades da cadeia de abastecimento melhoraram e a externalização tornou-se cada vez mais importante devido à crescente globalização. Por conseguinte, os países industrializados estão a investir em IDE, enquanto os países em desenvolvimento estão a expandir as suas capacidades. (Sturgeon et al. 2009).

A indústria automóvel é considerada extremamente concentrada, uma vez que existem algumas empresas gigantes que exercem grande poder sobre as empresas mais pequenas. Estas empresas gigantes foram reforçadas por aquisições e fusões. Esta estrutura extremamente concentrada conduz a elevadas barreiras à entrada no sector e restringe as oportunidades de progresso das empresas mais pequenas. Hoje em dia, existem onze empresas de grande dimensão na indústria automóvel, provenientes do Japão, da Alemanha e dos EUA. Estas onze empresas dominam a produção no mercado. (Sturgeon et al. 2009; KPMG 2002)

Outra caraterística da indústria automóvel é a sua forte estrutura regional. Muitas indústrias transformadoras desenvolveram padrões de integração global. Embora a indústria automóvel esteja integrada a nível mundial, desenvolveu fortes padrões de integração regional. (Sturgeon et al. 2009)

As peças e os subsistemas da indústria automóvel não são genéricos, mas muito específicos de um determinado veículo e modelo. Em muitas indústrias, como a do vestuário ou a eletrónica, as peças fornecidas são genéricas e podem ser utilizadas para diferentes produtos (por exemplo, fios, pastilhas de memória e microprocessadores). Estas peças únicas tornam os fornecedores mais valiosos, uma vez que um fornecedor é frequentemente a única fonte para um determinado produto. Por conseguinte, as relações com os fornecedores na indústria automóvel são mais estreitas e colaborativas. (Sturgeon et al. 2009)

As actividades de conceção e desenvolvimento de veículos estão localizadas perto das sedes das empresas líderes, e os fornecedores que desempenham um papel no processo de conceção estabelecem os seus centros perto dos seus clientes. As relações entre compradores e fornecedores e as actividades de conceção abrangem várias regiões de produção, uma vez que os produtos são personalizados para os mercados locais e as peças são fabricadas em várias regiões. Por conseguinte, as cadeias de valor locais, nacionais e regionais estão interligadas na indústria automóvel. Este facto pode ser observado na Figura 6.4 (Sturgeon et al. 2007)

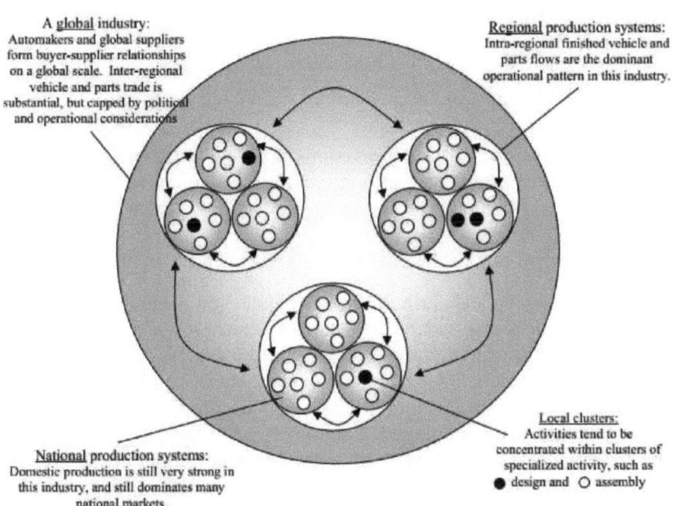

Figura 6.4 A estrutura geográfica e organizacional aninhada da indústria automóvel (Sturgeon et al. 2007)

	Raw ,material suppliers	**Components specialist**	**Standardise**	**Integrator**
Focus	A company that supplies raw materials to the OEM or their suppliers	A company that designs and manufactures a components tailored to a vehicle	A company that sets the standard on a global basis for a specific component or system	A company that designs and assembles a whole module
Market presence	• Local • Regional • Global	• Global for 1st tier • Regional or local for 2nd and 3rd tiers	• Global	• Global
Critical capabilities	• Material science • Process engineering	• Research, design and process engineering • Manufacturin g capabilities in varied technologies • Brand images	• Research, design and engineering • Assembly and supply chain management capabilities	• Product design and engineering • Assembly and supply chain management capabilities

Figura 5.5 Segmentação das funções dos fornecedores na indústria automóvel (Veloso 2000)

5.3Abastecimento na indústria automóvel:

O sistema de abastecimento na indústria automóvel é mais segmentado em termos funcionais.

A figura 6.5 mostra os segmentos de fornecedores como fornecedores de matérias-primas, especialistas em componentes, normalizadores e integradores. Enquanto os fornecedores de matérias-primas e os especialistas em componentes eram conhecidos mais cedo, os normalizadores e os integradores só surgiram mais tarde no sector. Cada um dos fornecedores tem as suas próprias capacidades na cadeia. (Dicken & Henderson 2003)

O aprovisionamento é crucial na indústria automóvel, uma vez que um automóvel é composto por cerca de 15 000 componentes (Wei & Chen 2008). Os fabricantes de equipamentos originais da indústria automóvel preferem subcontratar os seus processos não essenciais aos fornecedores, a fim de poderem reagir mais rapidamente e serem menos afectados pelas flutuações da procura (Harrison 2004). A estratégia de aprovisionamento das fábricas de montagem automóvel confere-lhes uma vantagem competitiva. Por conseguinte, cada fabricante de automóveis determina a estratégia de abastecimento para os diferentes tipos de fornecedores, por exemplo, uma cooperação estreita ou uma concorrência feroz entre fornecedores. A difusão da produção racionalizada também influenciou as actividades de abastecimento das empresas do sector automóvel. (Aláez-Aller & Longás-García 2010)

A produção nas empresas do sector automóvel é considerada mais complicada do que noutras. A complexidade tecnológica das peças automóveis aumenta com os novos desenvolvimentos. Esta situação tem um impacto no poder de negociação; os fabricantes de automóveis necessitam de uma cooperação estreita com os seus fornecedores. Além disso, os fornecedores do sector automóvel têm um elevado nível tecnológico e existe uma coordenação bem estabelecida na cadeia de montagem. Por conseguinte, o comprador é relativamente vulnerável e a capacidade de pagamento dos fornecedores é crucial. (Wei & Chen 2008; Aláez-Aller & Longás-García 2010).
A cadeia de abastecimento da indústria automóvel tem uma série de desafios a ultrapassar:

- A complexidade dos produtos: Cada produto tem as suas próprias especificações em termos de motor, carroçaria, cor de acabamento, etc.
- A complexidade da rede de abastecimento: A rede de abastecimento é constituída por vários locais de armazenamento e várias centenas de concessionários
- Comportamento dos consumidores: Os automóveis novos são fabricados por encomenda e os clientes comprometem-se com as especificações

- Sazonalidade da procura: varia de mercado para mercado e influencia os fabricantes.
- Envelhecimento do stock: os automóveis não vendidos levam a reduções de preços na venda (Turner & Williams 2005)

Os sistemas de fabrico enxuto influenciaram a relação entre fornecedores e OEM na indústria automóvel. Exige uma relação mais estreita com a partilha de algumas funções, o desenvolvimento e o fabrico de componentes em estreita coordenação. As necessidades de fornecimento alteraram-se e as relações tornaram-se de longo prazo. (Dicken &

Henderson 2003)

As relações entre fornecedores e clientes na indústria automóvel indiana são semelhantes às da indústria ocidental. Uma vez que a maioria dos fabricantes de automóveis indianos são empresas comuns com empresas estrangeiras, o seu sistema de gestão de fornecedores é importado. Por conseguinte, a indústria automóvel indiana adoptou algumas tendências, como as parcerias estratégicas, a integração com fornecedores de maior dimensão e um elevado grau de externalização. (Kannan & Tan 2006) Além disso, os fornecedores do sector automóvel também exportam os seus produtos, o que significa que também são importantes no sector automóvel global (Karakadilar & Sezen 2012).

Os principais intervenientes na indústria automóvel são grandes empresas, mas os fornecedores são, na sua maioria, PME. Os fabricantes estão à procura de fornecedores de sistemas que possam desenvolver as suas próprias capacidades de desenvolvimento de produtos, em vez de fornecedores de peças individuais. Surgiram parcerias comerciais na indústria automóvel indiana, mas continua a prevalecer o domínio dos compradores sobre os fornecedores. Por conseguinte, os fornecedores são mais vulneráveis do ponto de vista financeiro e estratégico. (Kozan et al. 2006; Kannan & Tan 2006) Além disso, os fornecedores não têm capacidade para produzir ou comercializar a sua própria tecnologia, uma vez que os OEM restringem os fornecedores com especificações rigorosas. (Wasti et al. 2006) A indústria automóvel indiana é muito forte, mas há aspectos que têm de ser melhorados pelos fornecedores para competirem na economia global em evolução. (KPMG 2013) A área que precisa de ser melhorada é apresentada na figura 6.6 abaixo. A relação com os fornecedores da indústria automóvel indiana pode ser melhorada através de uma maior cooperação entre as partes nos domínios da investigação e desenvolvimento e dos projectos globais. A transferência de recursos humanos e o desenvolvimento da logística são também considerados importantes para uma melhor relação. Por conseguinte, o sucesso na indústria pode basear-se na colaboração. (KPMG 2014)

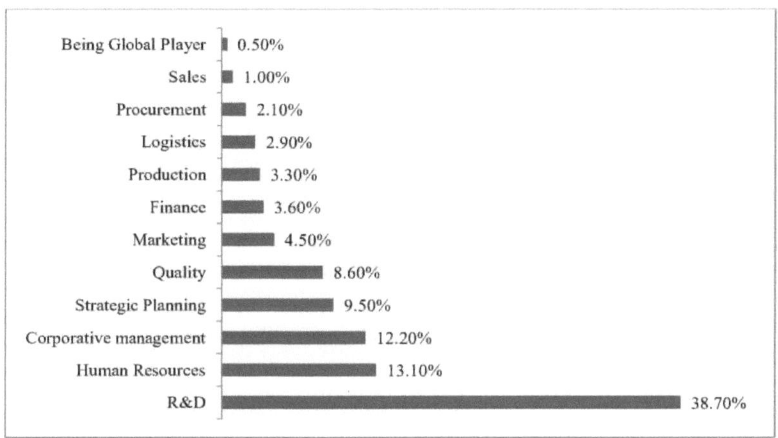

Figura 5.6 Melhorias necessárias nos fornecedores indianos do sector automóvel (KPMG 2014)

"lean". (Yamamoto & Bellgran 2010) Não conseguiram implementar os princípios lean na sua cultura e mentalidade, e muitas tentativas lean não foram totalmente eficazes (Holweg & Pil 2001). Em meados da década de 1990, foi introduzida a ligação entre a cadeia de abastecimento e o sistema Lean. O mecanismo de atração foi alargado aos parceiros de uma cadeia de abastecimento.

(Hines & Rich 1997) Em 1996, Womack e Jones definiram cinco princípios do pensamento enxuto como diretrizes. Estes cinco princípios são:

1. Identificação do valor do cliente
2. Gestão do fluxo de valor
3. Desenvolvimento da capacidade de produção em fluxo
4. A utilização de um "mecanismo de tração" para apoiar o fluxo de materiais
5. A procura da perfeição através da redução de todas as formas de desperdício no sistema de produção (Womack & Jones 1996)

Neste tópico, o conceito Lean é introduzido através de um breve historial. O tópico seguinte descreve em pormenor os princípios do Lean e analisa o seu desenvolvimento.

6.2 Produção enxuta

6.2.1 Explicação da magreza:

Não existe na literatura uma explicação clara do conceito de lean. De acordo com Smeds (1994), lean significa simplificar os processos e apoiar o desenvolvimento e a inovação (Smeds 1994). Bayou e Korvin (2008) definem o conceito de lean como um conceito dinâmico, de longo prazo e integrador (Bayou & Korvin 2008). Na verdade, a produção enxuta é um quadro concetual que inclui alguns princípios e técnicas. (Monczka et al. 2009) Com a ajuda destas técnicas e princípios, os fabricantes optimizados esforçam-se por melhorar e crescer. O objetivo das práticas "lean" é descrito por vários autores, sendo alguns exemplos os seguintes

- Criar uma cultura de melhoria contínua e de aprendizagem organizacional (Yamamoto & Bellgran 2010)
- Aumento da produtividade, redução dos custos, diminuição dos prazos de entrega e melhoria da qualidade (Sanchez & Perez 2001; Karlsson & Åhlström 1996)
- Redução do prazo de entrega, dos custos de qualidade e da mudança de processo, aumentando simultaneamente a produtividade do trabalho (Bhasin & Burcher 2006)
- Minimizar todos os tipos de resíduos e maximizar o valor para os clientes (Anon 2011b)
- Trabalhar em conjunto para obter eficiência e eficácia (Bayou & Korvin 2008)

Resumindo, o fabrico racional visa a melhoria contínua para fornecer o melhor valor ao cliente e consegue-o reduzindo os custos, os prazos de entrega e os resíduos, aumentando simultaneamente a qualidade e a produtividade.

Womack et al. (1990) afirmam que a produção enxuta é o melhor da produção artesanal e da produção em massa (Womack et al. 1990). A produção enxuta é superior à produção em massa porque requer menos mão de obra, espaço de produção, investimento em ferramentas e inventário do que a produção em massa e resulta em menos defeitos e maior variedade de produtos (Bayou & Korvin 2008).

6.2.2 Caraterísticas do Lean:

Existem muitos indicadores para a produção enxuta que são utilizados nas empresas enxutas.
Com a evolução do Lean ao longo do tempo, estes indicadores e requisitos foram aumentados.
As caraterísticas mais comuns do sistema Lean são as seguintes

- Eliminação de actividades que não têm valor (Hines & Taylor 2000; Howell 2010; Karlsson & Åhlström 1996; Sanchez & Perez 2001)
- Melhoria contínua (Sanchez & Perez 2001; Karlsson & Åhlström 1996; Bhasin & Burcher 2006)
- Produção e entrega JIT (Sánchez 1991; Jones 1992; Cooney 2002; Karlsson & Åhlström 1996; Ahlström & Karlsson 1996; Oliver et al. 1993; Wu 2003)
- Puxar em vez de empurrar (estreitamente relacionado com o JIT) (Karlsson & Åhlström 1996; Ahlström & Karlsson 1996; Wu 2003)
- Equipas multifuncionais (Sanchez & Perez 2001; Karlsson & Åhlström 1996; Ahlström & Karlsson 1996)
- Funções integradas (estreitamente relacionadas com as equipas multifuncionais) (Karlsson & Åhlström 1996; Ahlström & Karlsson 1996)
- Sistemas de informação flexíveis (Sanchez & Perez 2001; Karlsson & Åhlström 1996; Ahlström & Karlsson 1996)
- Zero erros (em ligação com o JIT e as equipas multifuncionais) (Karlsson & Åhlström 1996; Ahlström & Karlsson 1996; Levery 1998)
- Integração dos fornecedores (Sanchez & Perez 2001)

Em primeiro lugar, o desperdício é algo que os clientes não estão dispostos a pagar (Karlsson & Åhlström 1996). A produção enxuta tem por objetivo eliminar tudo o que não acrescenta valor para o cliente.

Os clientes. O desperdício pode ocorrer tanto dentro de uma empresa como entre empresas. (Hines & Taylor 2000) Existem sete tipos de desperdícios que devem ser eliminados no âmbito da produção optimizada:

1. Sobreprodução
2. Peças defeituosas
3. Inventário
4. Processamento incorreto
5. Transporte
6. Em espera
7. Movimento desnecessário

A sobreprodução significa produzir mais do que o necessário ou mais cedo do que o necessário. Conduz a um fluxo deficiente de informação e de bens. Também leva a que os produtos permaneçam sem utilização e a um inventário excessivo. (Hines & Taylor 2000; Howell 2010) As peças defeituosas também são consideradas desperdício, uma vez que não têm valor. Causam retrabalho, atrasos, custos de produção mais elevados (Howell 2010), erros na documentação, problemas de qualidade, mau desempenho na entrega (Hines & Taylor 2000) e menor produtividade (Karlsson & Åhlström 1996). O inventário é a fonte mais importante de desperdício (Karlsson & Åhlström 1996). Para aplicar a abordagem "lean" de forma eficiente, é necessário reduzir ao mínimo as existências. As existências desnecessárias podem ser causadas por um armazenamento excessivo, por atrasos na informação e nos produtos, e provocam custos e um mau serviço ao cliente (Hines & Taylor 2000). O excesso de inventário também pode ser causado por uma produção excessiva (Howell 2010). Para evitar o desperdício de inventário, é possível reduzir o tempo de inatividade das máquinas, o tamanho dos lotes, o trabalho em curso e os tempos de preparação (Karlsson & Åhlström 1996). O processamento inadequado é o processamento com as ferramentas, os procedimentos e os sistemas errados (Hines & Taylor 2000) ou a utilização de mais etapas do que as necessárias para um processo (Howell 2010). Normalmente, as abordagens mais simples são mais eficazes e produzem um mínimo de resíduos (Hines & Taylor 2000). Os resíduos de transporte resultam da deslocação excessiva de pessoas, informações ou mercadorias.

Estes movimentos não acrescentam valor e consomem tempo, esforço e custos desnecessários. (Hines & Taylor 2000) As transferências automáticas podem ser utilizadas quando uma transferência não pode ser evitada (Karlsson & Åhlström 1996). O desperdício de tempo de espera é causado por materiais, máquinas ou trabalhadores não utilizados que aguardam sem estarem efetivamente a trabalhar. Isto conduz a um fluxo deficiente e a longos prazos de entrega. (Hines & Taylor 2000; Howell 2010) Por último, um posto de trabalho deficiente e uma ergonomia deficiente provocam movimentos desnecessários (Hines & Taylor 2000). Além disso, as ferramentas, os materiais e as pessoas deslocam-se excessivamente, o que resulta num maior dispêndio de tempo (Howell 2010).

Tal como referido na secção sobre os objectivos da produção optimizada, a melhoria contínua é o princípio fundamental da produção optimizada. A melhoria contínua significa procurar constantemente formas de melhorar os produtos, serviços e processos (Sanchez & Perez 2001). A melhoria da qualidade, a redução dos custos, a melhoria do serviço de entrega e o desenvolvimento de projectos são alguns exemplos de melhoria contínua (Bhasin & Burcher 2006). O envolvimento dos trabalhadores e da equipa de gestão nos processos contribui para as melhorias (Karlsson & Åhlström 1996). Envolver os trabalhadores na identificação e ajustamento de peças defeituosas no processo de produção é uma melhoria para uma organização. Desta forma, a fábrica necessita apenas de alguns funcionários para o controlo de qualidade (Sanchez & Perez 2001). A melhoria contínua requer equipas multifuncionais, que serão explicadas mais tarde (Karlsson & Åhlström 1996).

Just in time (JIT) significa produzir ou fornecer o produto ou a peça certa, na quantidade certa e no momento certo (Karlsson & Åhlström 1996; Sanchez & Perez 2001). O objetivo do JIT é fornecer uma peça exatamente quando ela é necessária. O JIT funciona com base no princípio da produção de pequenos lotes e da entrega JIT. O JIT melhora a taxa de rotação das existências e conduz a uma redução das existências recebidas. (Wu 2003) Os factores determinantes do JIT são o tamanho reduzido do lote, o tamanho do buffer e o prazo de entrega da encomenda (Karlsson & Åhlström 1996). Cooney (2002) afirma que o fluxo JIT está no centro da produção optimizada. Isto porque contribui para a redução dos resíduos, a transferência de responsabilidades para os trabalhadores da linha da frente, as actividades de melhoria contínua e as actividades de valor acrescentado. (Cooney 2002) O JIT também integra o equipamento de automatização no fluxo de informação da produção (Sanchez & Perez 2001). O JIT está intimamente ligado ao sistema pull e à redução de resíduos (Pettersen 2009; Karlsson & Åhlström 1996). A estratégia pull deve ser aplicada como consequência do JIT, uma vez que a procura deve ser conhecida e a estabilidade deve ser garantida para o JIT.

As equipas multifuncionais são necessárias na produção optimizada. Para formar equipas multifuncionais, é necessário aumentar o número de pessoas que podem desempenhar diferentes tarefas. Cada equipa é responsável por todas as tarefas e resolve problemas no fluxo de produção. Cada membro da equipa deve ser formado para aprender e executar as diferentes tarefas. (Sanchez & Perez 2001; Karlsson & Åhlström 1996) A formação inclui o manuseamento e o controlo dos materiais, as compras, a manutenção e o controlo da qualidade. Com as equipas multifuncionais, a flexibilidade aumenta e a vulnerabilidade diminui. Além disso, não há dependência de uma única pessoa. Como as equipas podem assumir diferentes tarefas, as responsabilidades são descentralizadas. Como resultado, o nível de hierarquia nas empresas diminui. As funções integradas nas empresas podem ser reconhecidas por equipas multifuncionais. Estas equipas têm mais conteúdo de trabalho do que as equipas tradicionais. (Karlsson & Åhlström 1996).

Um sistema de informação flexível é necessário para a produção racional, especialmente para as empresas multifuncionais, uma vez que a informação deve ser transmitida contínua e diretamente aos trabalhadores. Os sistemas de informação horizontais e verticais devem ser organizados de modo a assegurar um fluxo de informação fluido (Ahlström & Karlsson 1996; Karlsson & Åhlström 1996). Os sistemas de informação flexíveis reduzem os níveis hierárquicos e permitem a difusão da informação a todos os níveis (Sanchez & Perez 2001).

Zero defeitos significa que todas as peças e produtos devem estar isentos de defeitos. Isto pode ser conseguido transferindo o controlo do produto para o controlo do processo. Isto deve-se ao facto de a produção enxuta colocar a tónica na prevenção de defeitos e não na deteção de defeitos, e de a garantia de qualidade dever ser da responsabilidade de todos os departamentos e não apenas de um. O fabrico preventivo também tem uma influência importante na qualidade, quantidade e custos. (Levery 1998; Karlsson & Åhlström 1996)

A integração dos fornecedores é outra caraterística importante da filosofia "lean". A integração melhora as organizações lean no seu conjunto, mas alguns departamentos, como a I&D e a logística, beneficiam mais do que outros. A integração permite uma melhor troca de informações, a empresa cliente pode participar no desenvolvimento de componentes e podem ser trocadas sugestões. O Lean apoia igualmente a redução do número de fornecedores e a concentração num número reduzido de fornecedores com contratos a longo prazo. (Sanchez & Perez 2001) Os efeitos do Lean nos fornecedores e na cadeia de abastecimento são analisados e descritos em pormenor na secção seguinte.

O Lean evolui com o tempo e surgem novas caraterísticas. Consequentemente, existem várias outras caraterísticas do Lean Manufacturing que estão, de alguma forma, relacionadas com as caraterísticas principais acima mencionadas. Por exemplo, o sistema Lean apoia o fabrico celular, que reduz o transporte e os tempos de espera (Bhasin & Burcher 2006) e exige equipas multifuncionais (Ahlström & Karlsson 1996). O sistema Lean também oferece um fluxo de uma única peça na fábrica para terminar um produto sem interrupção e uma mudança de ferramentas num minuto para evitar atrasos no reequipamento. Outra tendência na produção enxuta é o mapeamento de processos, que fornece uma representação pormenorizada do processo de satisfação de encomendas. (Bhasin & Burcher 2006) Por último, o sistema de contabilidade de uma empresa "lean" deve apoiar o fabrico "lean" (Ahlström & Karlsson 1996).

Como já foi referido, a produção optimizada tem muitos indicadores e caraterísticas que são aplicados. Estas práticas evoluíram com o método "lean" e surgiram outras novas.

Quadro 6.1 Agrupamento das caraterísticas Lean (Pettersen 2009)

Collective Term	**Specific Characteristics**
Just in Time	Production leveling
	Pull system
	Takted production
	Process synchronization
Resource reduction	Small lot production
	Waste elimination
	Setup time reduction
	Lead time reduction
	Inventory reduction
Human relations management	Team organization
	Cross training
	Employee involvement
Improvement strategies	Improvement circles
	Continuous improvement
	Root cause analysis
Defects control	Automation
	Failure prevention
	100% inspection
	Line stop
Supply chain management	Value stream mapping/flowcharting
	Supplier involvement
Standardization	Housekeeping
	Standardized work
	Visual control and management
Scientific management	Policy deployment
	Time/work studies
	Multi manning
	Work force reduction
	Cellular manufacturing
Bundled techniques	Statistical quality control
	Preventive maintenance

6.2.3 Empresas enxutas:

Os requisitos lean são aplicáveis a todas as empresas e indústrias (Womack et al. 1990).

Para serem "lean", todas as actividades de uma empresa devem ter caraterísticas "lean". De acordo com o modelo de Karlsson e Åhlström, uma empresa "lean" consiste num desenvolvimento "lean", num aprovisionamento "lean", numa produção "lean" e em vendas "lean" (Karlsson & Åhlström 1996). A figura 4 mostra este modelo com as suas caraterísticas correspondentes. O modelo Lean inclui também o controlo do inventário e da qualidade, as relações industriais, a gestão do trabalho e as práticas fornecedor-fabricante que diferem das abordagens tradicionais (Wu 2003). O Lean tem dois níveis, estratégico e operacional, e a implementação do Lean exige mudanças tecnológicas e organizacionais (Hines et al. 2004).

Uma vez que a abordagem "lean" tem por objetivo maximizar o valor para o cliente, uma empresa "lean" deve centrar-se no valor para o cliente. Por conseguinte, a introdução da abordagem "lean" deve começar pela criação de valor para os clientes. O valor é criado através da redução de desperdícios e custos e da adição de caraterísticas e serviços. O rácio custo-benefício determina a vontade do cliente de comprar um produto ou serviço. (Hines et al. 2004). Womack e Jones criaram um quadro para a criação de organizações "lean". O quadro inclui quatro fases, nomeadamente a preparação da organização e dos sistemas, a criação da organização, a instalação de sistemas empresariais e a conclusão da transformação. (Womack & Jones 1996) As etapas da criação e os prazos podem ser vistos na Figura 5.1

Lean Production				
Lean development + Lean Procurement + Lean Manufacturing + Lean distribution = Lean enterprise				
Supplier involvement		Elimination of waste	Lean buffers	Global
Cross functional teams	Supplier hierarchies	Continuous improvement	Customer involvement	Network
Simultaneous engineering	Larger subsystems from fewer suppliers	Multifunctional teams	Aggressive marketing	Knowledge structures
Integration instead of coordination	**Zero defects/ JIT**			
Strategic management		Vertical information systems		
Black box engineering		Decentralized responsibilities/integrated functions Pull instead of push		

Quadro 6.2 O modelo de Karlsson & Åhlström para as empresas "lean"
(Karlsson & Åhlström 1996)

Quadro 6.3 Cronograma e etapas da criação de uma organização "lean"
(Womack & Jones 1996)

Phase	Specific steps	Time frame
Get started	Find a change agent	First six months
	Get lean knowledge	
	Find a lever	
	Map value streams	
	Begin kaikaku	
	Expand your scope	
Create a new organization	Reorganize by product family	Six months through year two
	Create a lean function	
	Devise a policy for excess people	
	Devise a growth strategy	
	Remove anchor-draggers	
	Instill a "perfection" mind-set	
Install business systems	Introduce lean accounting	Years three and four
	Relate pay to firm performance	
	Implement transparency	
	Initiate policy deployment	
	Introduce lean learning	
	Find right sized tools	
Complete the transformation	Apply these steps to your suppliers/customers	By the end of year five
	Develop global strategy	
	Transition from top-down to bottom-up improvement	

De acordo com Bayou e Korvin (2008), a magreza de uma empresa pode ser medida pelos seguintes factores

-Avaliação da redução de resíduos e melhoria da produção

-Identificação e análise de programas de redução de custos

-Avaliação do desempenho da empresa (Bayou & Korvin 2008)

Com a ajuda das avaliações e análises acima referidas, é possível compreender a magreza de uma empresa e introduzir melhorias.
Neste tópico, foram discutidas as práticas organizacionais e as mudanças para a produção optimizada. O próximo tópico analisará os princípios e as mudanças que a filosofia "lean" exige na cadeia de abastecimento.

6.3 Impacto da abordagem "lean" nos fornecedores e nas cadeias de abastecimento:

Tal como referido nas secções anteriores, os fornecedores são de grande importância para as empresas e os fornecedores das organizações "lean" devem apoiar as práticas "lean". Existem diferenças significativas entre os fornecedores lean e os fornecedores tradicionais. Este tópico compara os fornecedores lean com os fornecedores tradicionais e analisa o impacto da filosofia lean nos fornecedores. A produção "lean" começa com os montadores finais e estende-se ao longo da cadeia até aos fornecedores, porque uma produção "lean" adequada exige uma oferta "lean", que só pode ser fornecida por fornecedores "lean". (O conceito de fornecimento racional é herdado do fabrico racional (Xu et al. 2008)). Por conseguinte, quando uma empresa começa a aplicar práticas optimizadas, deve também ter em conta os seus fornecedores. Para tornar a cadeia de abastecimento totalmente optimizada, toda a cadeia de abastecimento deve ser optimizada (Bhasin & Burcher 2006). Existem algumas caraterísticas básicas da cadeia de abastecimento que são cruciais para o abastecimento optimizado. Por exemplo, o fabrico racional exige uma cadeia de abastecimento simplificada, optimizada e racionalizada e, para uma cadeia de abastecimento sustentável, as melhorias dos fornecedores devem ser apoiadas tanto interna como externamente (Palevich 2012).

Nos subtópicos seguintes, são analisadas e comparadas as relações, o desempenho da produção e o desempenho logístico do Lean Supply.

6.3.1Efeitos do lean supply na relação com os fornecedores Navio:

Como já foi referido, as relações com os fornecedores desempenham um papel importante na eficiência dos processos de uma empresa. A produção "lean" também coloca uma tónica especial nas relações com os fornecedores. O Lean exige uma estreita coordenação e cooperação com fornecedores e clientes. (Xu et al. 2008). Uma relação bem estruturada, altamente envolvida, próxima e integrada é uma relação óptima que o sistema Lean proporciona. Este tipo de relação proporciona um elevado desempenho à organização e à cadeia de abastecimento. (So & Sun 2010; Xu et al. 2008). O desempenho das cadeias de abastecimento optimizadas é muito mais elevado do que o das cadeias de abastecimento tradicionais.
O quadro 6.3 apresenta algumas das diferenças entre a cadeia de abastecimento tradicional e a enxuta.

Quadro 6.4 Diferenças de valor médio nas relações cliente-fornecedor (Wu 2003)

Items	Lean	Non-lean
Business relationship (years)	14.2	9.6
Length of contract (years)	4.2	3.7
Relationship based on mutual trust	3.48	3.13
Percent participation in supplier quality certification program	81	68
Percent of products accepted as good without inspection	95.2	90.4
Percent of sole source	92	88
Percent of emphasis on delivery performance by customer	44	40

Os dois primeiros valores brutos do quadro 5.2 mostram que a duração da relação e do contrato é mais longa para os fornecedores optimizados do que para os fornecedores tradicionais. O nível de confiança parece ser mais importante para as empresas "lean", o que leva a um aumento da percentagem de produtos não controlados. Em suma, o quadro mostra que as empresas "lean" estabelecem relações mais estreitas e de cooperação com os seus fornecedores, baseadas na confiança mútua.

Ao estabelecer relações estreitas, clientes e fornecedores trocam processos e informações sobre custos. A forma mais comum de partilhar processos é envolver o cliente. O cliente é envolvido nos processos do fornecedor; por conseguinte, a cadeia de abastecimento funciona sem fronteiras. Como resultado do ambiente partilhado, os danos e benefícios podem ser partilhados entre as partes (Oliver et al. 1996). Xu et al. também afirmam que o sucesso da produção optimizada depende muito da integração de fornecedores e clientes e da partilha de ganhos resultantes de investimentos mútuos (Xu et al. 2008). Um bom fluxo de informação é fundamental para criar este tipo de relações estreitas e de colaboração. Produção optimizada

O fabrico optimizado melhora a cadeia de abastecimento em termos do fluxo de informação entre clientes e fornecedores. O fluxo de informação no fabrico racional é frequente, rápido e integrado, em comparação com o fabrico tradicional (Oliver et al. 1996; Wu 2003). O quadro 5.4 compara as empresas lean e não lean em termos de fluxo de informação.

Quadro 6.5 Diferenças médias na utilização da comunicação de informações (Wu 2003)

Item	Lean (%)	Non-lean (%0
Order processing	81	86
Shipment tracking	71	54
Advanced shipment notice	100	89
Communication	86	84
Shipment schedule	90	84
Production schedule	44	30

O quadro mostra que diferentes tipos de informação são trocados com maior frequência nas organizações lean. A partilha de informações sobre os calendários de expedição e de produção e o acompanhamento das expedições são alguns exemplos de melhoria da comunicação. Uma relação estreita e integrada e um fluxo frequente de informação proporcionam benefícios adicionais às organizações. Alguns dos benefícios da abordagem "lean" na relação comprador-fornecedor incluem a redução dos defeitos, a redução das alterações de projeto, o desenvolvimento rápido de novos produtos, a melhoria da qualidade e da eficiência, a estabilização da cadeia de abastecimento e a transparência dos custos (Mollenkopf et al. 2010). Os fornecedores lean também são capazes de garantir algumas funções, como a entrega, a qualidade e o custo, em resultado de uma relação estreita. O aprovisionamento enxuto proporciona uma comunicação e coordenação abertas que permitem uma resposta rápida aos problemas. Para além disso, a relação próxima do Lean traz elevada motivação e confiança à cadeia de abastecimento (Simpson & Power 2005). Uma vez que o Lean exige uma melhoria contínua, as relações com os fornecedores também devem ser continuamente melhoradas. As avaliações são um dos métodos mais comuns para melhorar as relações entre fornecedores e clientes. Os clientes monitorizam e avaliam regularmente os seus fornecedores para identificar áreas de melhoria (Lamming 1996). A fiabilidade do fornecedor é outra medida de uma relação bem sucedida. Em particular, o custo, a qualidade e a entrega devem ser fiáveis para uma relação estável. (Macduffie & Helper 1997)

6.3.2Efeitos do aprovisionamento racional na produção dos fornecedores:

A produção é outra atividade desenvolvida no âmbito do Lean, tal como a relação com os fornecedores: o fabrico Lean melhora a produtividade dos fornecedores e traz benefícios de desempenho para ambas as partes. A base da produtividade é o primeiro princípio do Lean: a redução dos desperdícios. Tal como explicado anteriormente, o Lean Manufacturing exige a eliminação de todas as actividades sem valor acrescentado e, mesmo numa cadeia de abastecimento, o desperdício não tem valor e deve ser eliminado. Para uma cadeia de abastecimento optimizada, os níveis de inventário devem ser minimizados, o que ajuda a reduzir os custos nos processos de abastecimento. Este objetivo pode ser alcançado por fornecedores que possam oferecer uma produção JIT (Wu 2003). Uma vez que a produção JIT requer um sistema de puxar, toda a cadeia de abastecimento deve ser um sistema de puxar em vez de um sistema de empurrar. Existe uma diferença significativa entre os fornecedores optimizados e os fornecedores tradicionais no desempenho da produção. Este facto pode ser observado no Quadro 5.5

Quadro 6.6 Diferenças no valor médio da produção (Wu 2003)

Items	Lean	Non-lean
Inventory on the road (shifts)	2	2.8
Inventory maintained at the customer's site (shifts)	3.5	5
Delivery lead time (shifts)	2.7	5.4
Machine mobility (shifts)	40.6	23.5
Labor flexibility	2.4	1.8
Frequency of die changes	3.3	3
Quality responsiveness (min)	3.5	7.5
Frequency of preventive maintenance	2.4	1.9
PM schedule followed	3.1	2.6
Percent of PM skipped	11.1	28.7
Percent unscheduled downtime	5.8	8

De acordo com o quadro, os fornecedores "lean" são mais flexíveis, mais rápidos, mais programados e mais bem organizados. A qualidade da produção dos fornecedores optimizados é melhor. Tal deve-se, muito provavelmente, ao menor tempo de paragem das máquinas e à elevada frequência da manutenção preventiva. A gestão das existências é muito melhor para os fornecedores "lean" que aplicam efetivamente o princípio JIT e o princípio da redução dos resíduos. As empresas que adoptam práticas "lean" têm de eliminar fornecedores e identificar aqueles que podem prestar a atenção necessária à produção e ao desenvolvimento de produtos. (Wu 2003) Os fornecedores selecionados devem implementar os pedidos dos clientes de alterações aos produtos ou processos. A integração com os fornecedores assegura um bom fluxo de informação e melhora a eficiência da produção. Como resultado, o desempenho e a qualidade aumentam, enquanto os custos globais diminuem.

6.3.3Efeitos do aprovisionamento optimizado no desempenho logístico:

O objetivo do Lean é oferecer valor acrescentado ao cliente e este valor deve ser transmitido ao cliente final da forma mais eficiente possível. O desempenho logístico é um parâmetro importante para uma cadeia de valor eficiente. Os fornecedores Lean aplicam os princípios Lean, que oferecem inúmeras vantagens em termos de sistemas de transporte, distribuição e logística. De acordo com Wu (2003), os sistemas de transporte são melhorados pelo princípio da produção optimizada (JIT). Com o JIT, as entregas são frequentemente feitas em pequenos lotes, a transferência de materiais é sincronizada com outras actividades de produção e o transporte torna-se mais eficiente. (Wu 2003) Existem diferenças significativas entre o desempenho da distribuição optimizada e o da distribuição tradicional (Wu 2003). O quadro 12 enumera algumas das principais diferenças.

Quadro 6.7 Valores médios diferentes para sistemas de transporte e logística (Wu 2003)

	Items	Lean	Non-Lean
Transportation systems	Shipping distance (miles)	408	451
	Percent of shipments delivered daily	91	71.5
	Loading time (mins)	41	83
	Percent of on-time pickups required	99	97.9
	Percent of on-time pickups achieved	91	83.2
	Percent of on time deliveries required by customer	100	94.5
	Percent of transportation costs of total Costs	1.47	1.78
	Percent of full truck-loads filled	57.4	63.8
Logistics performance	Percent of on-time staging	96.6	93.4
	Percent of late deliveries	1.35	2.15
	PPM defective products shipped to customer	287	958
	PPM products require rework or scraping	18.729	66.351

Como mostra o quadro, os clientes lean exigem dos seus fornecedores 100% de pontualidade nas entregas. A procura de recolhas atempadas é quase a mesma para os fornecedores lean e não lean; no entanto, os fornecedores lean têm um melhor

desempenho na satisfação desta procura. A percentagem de custos de transporte é mais baixa para os fornecedores lean, embora as entregas diárias sejam mais elevadas e a percentagem de camiões cheios seja baixa para os fornecedores lean. Em termos de desempenho logístico, a percentagem de entregas atempadas é mais elevada para os fornecedores lean. O número de produtos defeituosos entregues ao cliente e o número de produtos retrabalhados ou eliminados é significativamente mais baixo para os fornecedores "lean" do que para os fornecedores não "lean".
Em suma, uma cadeia de abastecimento racionalizada é mais competitiva porque pode responder a alterações na procura, no desempenho da entrega e na produção. É importante para as empresas lean

fornecedores lean. Existem vários métodos para encontrar fornecedores "lean". Simpson e Power (2005) descrevem três métodos;

- Integração vertical
- Conversão de fornecedores não-lean para fornecedores lean
- Desenvolvimento de capacidades lean nos fornecedores actuais

Mesmo que a mudança para fornecedores mais simples pareça ser a solução mais fácil, a investigação mostra que essa mudança não é a melhor opção. Em primeiro lugar, a mudança provoca custos de transação elevados, em segundo lugar, conduz também a uma perda de boa vontade e, em terceiro lugar, é difícil estabelecer uma relação igual ou melhor com um novo fornecedor. Por conseguinte, as empresas "lean" favorecem a integração vertical ou a formação dos fornecedores existentes em práticas "lean". (Simpson & Power 2005)

Capítulo 7

Resultados e discussões

Foi elaborado um catálogo de perguntas para compreender as relações com os fornecedores e avaliar a importância dos critérios individuais para a seleção de fornecedores na indústria automóvel indiana. Foram realizadas entrevistas com os gestores de compras de cinco empresas automóveis diferentes. As perguntas incluem questões sobre a gestão dos fornecedores, as actividades de abastecimento e o abastecimento racional, bem como um questionário para determinar os critérios mais importantes para a seleção de fornecedores. O questionário pode ser consultado em anexo. A secção seguinte contém informações gerais sobre os fabricantes de automóveis que são objeto do presente documento.

Automóvel OEM1

A empresa fabrica autocarros na Índia desde o início do século XX e a primeira fábrica na Índia foi instalada em Istambul na década de 1960, no âmbito de uma empresa comum. A sua quota de mercado na Índia é de 56,8% e é a principal empresa indiana de exportação de autocarros (cerca de 2000 autocarros por ano).

Automóvel OEM2

Trata-se de um fabricante multinacional de automóveis com sede nos EUA. A fábrica na Índia é uma empresa comum com uma sociedade gestora de participações sociais indiana. Foi fundada na década de 1970. São produzidos anualmente cerca de 300.000 veículos, incluindo automóveis, veículos comerciais ligeiros e camiões. A empresa é líder no mercado automóvel indiano (23% de quota de mercado) e também líder nas exportações (3,5 mil milhões de dólares).

7.1 Resultados:

Esta secção inclui o projeto sobre as empresas para apresentar os seus valores, hábitos de fornecimento e requisitos. Quando os gestores de aprovisionamento são questionados sobre os seus valores, as respostas mais populares são as seguintes:

1. qualidade
2. Custos
3. Continuidade
4. Pontualidade

Pode dizer-se que a qualidade, o custo e a entrega são tão importantes na indústria automóvel como noutros sectores. A qualidade é a principal preocupação dos fabricantes de automóveis quando fornecem sistemas e peças. Cada empresa tem as suas próprias normas de qualidade e os fornecedores devem cumprir essas normas. A qualidade também deve ser comprovada através de certificações ISO. Em segundo lugar, embora o custo se tenha tornado menos importante nas aquisições ao longo dos anos, continua a ser considerado muito importante, especialmente devido à forte concorrência entre empresas. Em terceiro lugar, a continuidade significa que a qualidade, os processos e as relações são contínuos. A continuidade garante a eficiência dos custos a longo prazo nas empresas. Por último, a pontualidade também é importante para o bom funcionamento das empresas.

No que diz respeito à produção enxuta, os princípios enxutos são importantes para os fornecedores do sector automóvel. Os fornecedores têm alguns requisitos lean para os seus fornecedores, a fim de conseguirem uma melhor produção. As relações a longo prazo com uma cooperação estreita também são consideradas importantes. No entanto, não esperam que os seus fornecedores sejam completamente "lean". As secções seguintes contêm informações pormenorizadas sobre estes tópicos.

A secção seguinte analisa os resultados da indústria automóvel na Índia. Esta secção contém informações sobre as empresas em termos de número de fornecedores, relações e localizações preferenciais, bem como sobre a seleção de fornecedores e a avaliação dos fabricantes de automóveis.

5. 1.1 Número de fornecedores, relações e localizações:

O número de fornecedores de uma empresa pode indicar o tipo de relação que a empresa privilegia. Isto deve-se ao facto de a redução do número de fornecedores ser vista como o desenvolvimento de relações mais estreitas. Assim, as empresas podem colher os benefícios da redução de custos, da melhoria da qualidade e da rapidez de produção.

Como mostra a Figura 7.1, os fabricantes de automóveis indianos favorecem geralmente um pequeno número de fornecedores. Em média, 65% dos produtos são adquiridos a um único fornecedor e apenas cerca de 10% dos produtos são adquiridos a mais de quatro fornecedores. Embora os fabricantes prefiram desenvolver relações estreitas com apenas um fornecedor, a insuficiente experiência dos fornecedores e o grande número de produtos normalizados exigem o contacto com mais de um fornecedor. Deve também ser tido em conta que os fabricantes de automóveis têm muito mais fornecedores do que os fabricantes médios, o que tem um forte impacto nesta situação.

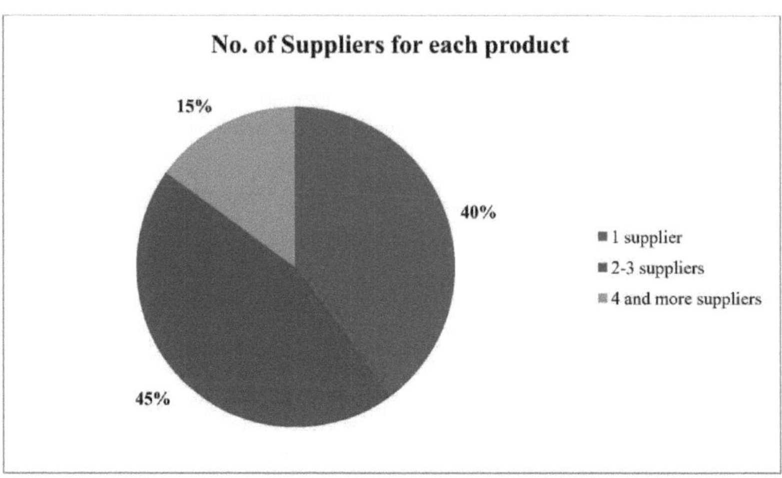

Figura 7.1 Número de fornecedores para cada produto

Para além do número de fornecedores, o grau de cooperação entre o cliente e o fornecedor também revela a natureza da relação. No presente estudo, os gestores descreveram a relação com os seus fornecedores como estreita e de cooperação. Embora a maior parte deles prefira trabalhar com todos os fornecedores ao mesmo nível, alguns fornecedores têm relações mais estreitas com os fabricantes. Estes fornecedores são aqueles que mantêm relações de longo prazo com os fabricantes e/ou desempenham um papel de apoio em situações difíceis.

Os gestores salientam igualmente que a fiabilidade e a transparência são qualidades esperadas e exigidas nas suas relações.

No que diz respeito à localização dos fornecedores, os fornecedores locais das cidades mais próximas são preferidos, principalmente devido ao custo da logística. No entanto, a localização não é um fator decisivo na seleção dos fornecedores.

6. 1.2 Seleção e avaliação dos fornecedores:

Ao selecionar um novo fornecedor, cada fabricante tem o seu próprio sistema de decisão. Este sistema inclui um roteiro e uma lista de factores que devem ser tidos em conta. A extensão do sistema depende da empresa e do produto a adquirir. Não só os departamentos de compras desempenham um papel no processo de decisão, como também o pessoal técnico ajuda a elaborar as especificações.

Para as marcas internacionais, em particular, o processo de tomada de decisão é longo e lento devido ao nível hierárquico.

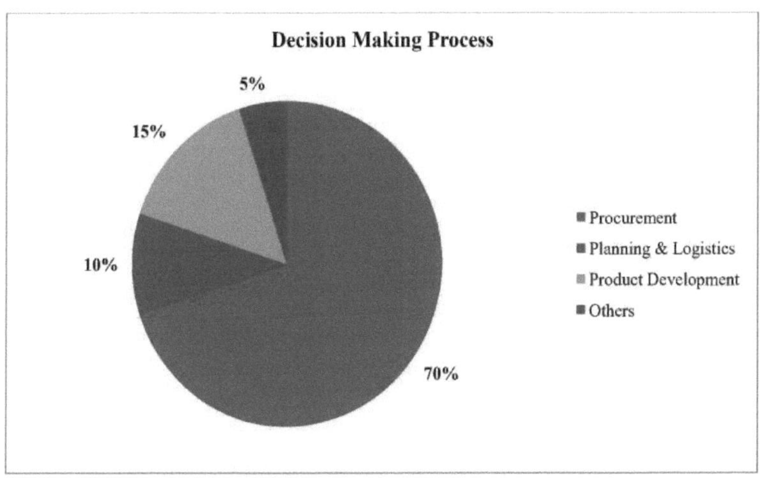

Figura 7.2 Papéis no processo de tomada de decisão

A facilidade de lidar com um fornecedor depende do tipo de produção.
Para produtos mais simples, o processo é mais curto e mais fácil. À medida que os produtos se tornam mais complicados, o processo torna-se mais difícil e mais longo. Nalguns casos, podem ser necessários mais de dois anos para decidir sobre um fornecedor. Devem ser efectuados vários testes e análises do produto e do fornecedor antes de ser tomada a decisão final. Qualidade, design, I&D, investimento e custo são as especificações habituais que são analisadas neste processo.
Os fabricantes de automóveis na Índia enfrentam frequentemente os seguintes desafios no processo de tomada de decisão:

- não conseguem encontrar um fornecedor qualificado para as suas especificações
- Acordos de preços a longo prazo com fornecedores de determinados produtos devido a restrições de patentes
- Problemas logísticos devido à localização de alguns fornecedores

Embora muitas avaliações sejam efectuadas durante o processo de decisão, um fornecedor é avaliado ao longo de toda a relação comercial. Tal como no processo de decisão, cada empresa automóvel tem o seu próprio sistema de avaliação. Esta avaliação contínua inclui algumas normas estabelecidas pela empresa que cada fornecedor deve cumprir para que a relação comercial continue. Algumas empresas têm também uma organização de serviço técnico de fornecedores (STA) que é responsável por cada fornecedor. Por conseguinte, os fornecedores podem ser inspeccionados frequentemente.

7. 1.3 Alimentação magra:

As empresas indianas do sector automóvel aplicam técnicas "lean" no seu sistema de produção para garantir uma produção eficiente e de elevada qualidade. Impõem igualmente algumas exigências aos seus fornecedores, que são também consideradas

caraterísticas "lean". Os fornecedores cumprem os requisitos dos fabricantes de automóveis em vez de se tornarem completamente "lean". Por conseguinte, a maioria dos fornecedores não é considerada "lean", mas está simplesmente a tentar proteger as suas relações com os clientes.
Pode dizer-se que os fabricantes de automóveis indianos são "lean", especialmente na produção e no sistema de gestão; no entanto, a maioria dos fornecedores do sector automóvel está a ficar para trás quando se trata de aplicar estas técnicas na sua produção. Os OEM estão a tentar melhorar os seus fornecedores em muitas áreas, mas o desenvolvimento de princípios "lean" não é a sua principal preocupação. As razões para esta situação podem ser enumeradas do seguinte modo:

- Grande número de peças fornecidas
- Grande número de peças simples e pequenas
- Dificuldade e complexidade do controlo de um grande número de fornecedores
- Falta de fornecedores qualificados no mercado

De acordo com os chefes das equipas de aprovisionamento, o JIT é o princípio mais importante para a entrega. As peças necessárias devem estar disponíveis quando são necessárias. No entanto, não evitam armazenar mais do que o necessário para evitar rupturas de stock. Por conseguinte, na situação atual, os fabricantes de automóveis na Índia têm espaço mais do que suficiente para armazenar.

Algumas peças que são específicas de um único automóvel podem ser encomendadas e entregues para cada produto, como os sistemas de ar condicionado. Estes produtos ocupam normalmente mais espaço do que outros, e o transporte a granel pode causar problemas adicionais. No entanto, a maioria das peças para automóveis não é considerada nesta situação.

7.2 Critérios de seleção dos fornecedores:

Foi pedido aos inquiridos que classificassem a lista de critérios de seleção de fornecedores numa escala de zero a cinco (0-5). Numa escala de 5, são classificados os critérios mais importantes e 0 os menos importantes. O questionário completo pode ser consultado em anexo. Para compreender a importância média de cada critério no sector, foi calculada a classificação média. Os quadros das secções seguintes contêm os critérios e o valor médio das classificações atribuídas pelos fabricantes.

A lista de critérios é composta por sete partes principais, nomeadamente: (1) qualidade e custos, (2) entrega, (3) serviços, (4) relações com os fornecedores, (5) gestão e organização, (6) capacidades e (7) princípios Lean. Cada parte tem os seus próprios critérios específicos que são classificados. A secção seguinte analisa os resultados de cada categoria. Cada categoria contém um quadro com os critérios correspondentes, no qual são enumerados os valores médios dos critérios individuais. Os quadros 13 a 19 contêm, portanto, uma lista dos critérios sobre os quais os fabricantes foram inquiridos e os valores médios das suas respostas.

7.2.1 Qualidade e custos:

A qualidade e o custo são considerados na literatura como os critérios mais importantes para a entrega. A partir das respostas dos fabricantes de automóveis, o Quadro 13 mostra que a certificação ISO é muito importante. Todos os construtores atribuíram a este critério a pontuação mais elevada. Ter um certificado ISO é uma obrigação para os fornecedores negociarem com os fabricantes de automóveis na Índia. De acordo com os construtores, a norma ISO 16949 é o critério mais importante. A ISO 16949 é um sistema de gestão da qualidade na indústria automóvel e define os requisitos dos fabricantes de automóveis. Tem por objetivo a melhoria contínua, a prevenção de defeitos e a redução de resíduos na cadeia de abastecimento. (Anon 2014)

Quadro 7.1 Classificação dos critérios de qualidade e de custo

Quality and cost	Mean
Meeting minimum standard	4.8
Long durability	4.4
ISO certification	5
Low return rate	4.2
Provide sample before first order	4.6
Technical expertise	4
Low price	4.4

Depois da certificação ISO, o cumprimento das normas mínimas é o segundo critério importante nesta categoria. Cada fabricante tem as suas próprias normas, que foram previamente definidas para cada produto, e um fornecedor e os seus produtos têm de cumprir todas as normas.

Por conseguinte, este é também um dos pontos mais importantes para os fabricantes. O fornecimento de amostras antes da primeira encomenda, o prazo de validade longo e o custo são os critérios importantes seguintes. Uma vez que a classificação mais baixa de todos os critérios é 4 (conhecimentos técnicos), pode dizer-se que a qualidade e o custo são muito importantes na seleção do fornecedor.

7.2. 2Entrega:

A entrega é outro fator decisivo que os fabricantes têm em conta na seleção dos fornecedores. O quadro 14 apresenta os resultados do questionário sobre a capacidade de entrega; de acordo com estes resultados, a capacidade de entrega é também muito importante para os fabricantes de automóveis. Embora os prazos de entrega curtos sejam altamente desejados pelos fornecedores, não há tolerância para erros no tipo ou na qualidade da produção. Uma vez que todas as peças que as fábricas de automóveis recebem têm uma utilização específica num automóvel, qualquer erro no tipo ou na qualidade do produto resultará em atrasos na produção. Para o fabrico de automóveis, esta é uma situação bastante indesejável que resulta em custos elevados.

Quadro 7.2 Ordem de entrega

Delivery	Mean
Short lead time	4
Reliable method of delivery	4.6
Good packaging	4.2
Receiving in good condition	4.6
No error in product type or quantity	5

Os segundos critérios mais importantes são um método de entrega fiável e a receção dos produtos em boas condições, com uma pontuação média de 4,6. O resultado global da entrega mostra que a entrega é tão importante como a qualidade.

7.2.3Serviços :

Os serviços incluem a ajuda e o apoio do fornecedor em ocasiões específicas, como o serviço técnico e o serviço pós-venda. O quadro 7.3 apresenta os valores médios desta categoria de acordo com a classificação dos construtores de automóveis. A garantia/seguro das peças e a resposta rápida do fornecedor são ligeiramente mais importantes do que o serviço pós-venda e o apoio técnico. A principal razão para este facto é que os construtores de automóveis têm normalmente um melhor conhecimento das peças técnicas do que os fornecedores. Por conseguinte, nem sempre necessitam de assistência pós-venda. No entanto, precisam da garantia para as peças que compram e do acesso aos fornecedores em caso de problema.

Quadro 7.3 Classificação dos serviços por prestador

Service	Mean
After sale service	**3.8**
Technical support	**3.8**
Warranty/insurance	**4.4**
Fast responsiveness	**4.4**

7.2. 4Relação com o fornecedor:

A natureza das relações foi abordada no capítulo 2, tendo sido referido que existem diferentes tipos de relações. Os tipos de relações mostram a cooperação e a proximidade entre o fornecedor e o cliente. Enquanto a abordagem "lean" exige uma relação estreita e de longo prazo, as abordagens tradicionais são completamente diferentes. As subcategorias são apresentadas no Quadro 16 com os respectivos valores médios resultantes da seleção dos fabricantes de automóveis. Este quadro mostra que uma boa gestão das relações e uma cooperação a longo prazo são muito importantes. A responsabilidade e a comunicação honesta e frequente são os seguintes critérios importantes selecionados pelos construtores de automóveis. O historial de desempenho, a disponibilidade do fornecedor para partilhar informações confidenciais e o sistema de comunicação do fornecedor são muito importantes para os construtores de automóveis. Por último, a adequação cultural tem uma importância muito reduzida entre os outros critérios.

Quadro 7.4 Classificação das relações com os fornecedores

Supplier relationship	Mean
Good relationship management	4.6
Performance history	3.6
Responsibility	4.4
Long-term cooperation	4.6
Current customers	2.8
Cultural match between companies	2.2
Communication system	3.4
Honest and frequent communication	4.4
Supplier's willingness to share confidential information	3.6

7.2.5Administração e organização:

A organização e a gestão incluem os aspectos que estão diretamente relacionados com as empresas fornecedoras, mas não com os seus produtos. As caraterísticas da empresa e do seu sistema de gestão são consideradas nesta secção. Para esta secção, foi pedido aos gestores de compras que avaliassem 12 subcritérios. A lista de critérios pode ser consultada no Quadro 7.5.

Quadro 7.5 Classificação da gestão e da organização do prestador

Management and organization	Mean
Organization structure	2.4
Staff skill and potential	3.6
Labor relation	2.2
Reputation	3.6
Company background	3.2
Amount of past business	3.4
Location	3.2
Financial status	3.6
Company size	2.4
Supplier's believability and honesty	4.6
Positive attitude towards complaints	4.4
Environmental awareness of supplier	4.2

Os valores médios da classificação mostram que as caraterísticas de gestão e organização não são tão importantes como os critérios de qualidade, custos e entrega.

Os critérios mais importantes

nesta secção são a credibilidade e a honestidade do fornecedor, a atitude positiva em relação às reclamações e a consciência ambiental do fornecedor.

Por outro lado, a estrutura organizacional, a relação de trabalho e a dimensão da empresa têm muito pouca influência na seleção dos fornecedores na indústria automóvel.

7.2.6Capacidades :

Os critérios de capacidade mostram a capacidade do fornecedor em áreas como a tecnologia e o desenvolvimento. Foram analisados cinco subcritérios para esta secção. Os resultados mostram que a capacidade é também um dos requisitos mais importantes que os construtores de automóveis colocam aos fornecedores.

Os conhecimentos técnicos são a competência mais importante exigida aos fornecedores, com uma classificação média de 4,4. Seguem-se as competências em I&D, a flexibilidade e a capacidade de lidar com excepções e problemas. Consequentemente, os conhecimentos e as competências técnicas são importantes para os fabricantes de automóveis, especialmente para a sua melhoria contínua.

Quadro 7.6 Classificação das competências

Capabilities	Mean
Ability to handle exceptions and problems	4
R&D capabilities	4.2
Technical know-how	4.4
Existence of IT standards	3.2
Flexibility	4.2

7.3Efeitos da produção optimizada nos critérios de seleção dos fornecedores:

Embora a filosofia "lean" se encontre obviamente apenas nos OEM da indústria automóvel indiana, os fornecedores são obrigados a aplicar alguns princípios "lean". Os fornecedores não se tornam "lean" por si próprios, mas as exigências dos clientes tornam-nos "lean". Por conseguinte, os fornecedores têm de adotar algumas técnicas "lean" para sobreviverem no mercado.

Ao selecionar os fornecedores, os fabricantes consideram muitos critérios, incluindo as especificações do produto, do serviço e da empresa. Ao analisar os critérios de seleção mais importantes, é possível identificar alguns princípios "lean". Neste estudo, os princípios lean considerados pelos fabricantes indianos de automóveis na seleção dos seus fornecedores são descritos a seguir:

-Integração de fornecedores
-Eliminação de resíduos
-JIT
-Melhoria contínua

A integração dos fornecedores é particularmente evidente nos requisitos dos OEM quando selecionam os seus fornecedores. Quando questionados sobre as suas preferências em termos de fornecedores, afirmam que preferem ter menos fornecedores (se possível, apenas um) com uma cooperação a longo prazo. Preferem também uma relação estreita e de cooperação com os seus fornecedores. Por conseguinte, esforçam-se por obter vantagens a longo prazo em termos de custos e de qualidade.

Quadro 7.7 Classificação dos princípios lean

Main lean principles	**Mean**
Effort in elimination of waste	**3.4**
Effort in promoting JIT principles	**4.6**
Commitment to continuous improvement in products and processes	**3.8**

Em segundo lugar, a eliminação dos resíduos é outro critério que pode ser considerado importante.

O valor médio das classificações atribuídas a este critério é de 3,4:

-Produto errado
-Erros na quantidade de material encomendado
-Defeitos de qualidade do produto
-Defeitos nos produtos

Os OEM não têm tolerância para tipos de produtos ou quantidades de entrega incorrectos. Qualquer produto que não seja entregue na quantidade correta afectará o processo de produção e implicará custos e tempo. Como a eficiência é muito importante para a produção optimizada, os fornecedores também eliminam quaisquer falhas e defeitos nos produtos. O critério da qualidade foi classificado como muito importante; por conseguinte, qualquer produto que não cumpra os requisitos mínimos de qualidade é considerado um desperdício e deve ser eliminado.

Em terceiro lugar, o princípio JIT da produção optimizada é também um dos critérios mais importantes na seleção dos fornecedores. Os gestores classificaram este critério como muito importante e o valor médio é de 4,6, como mostra a Tabela 7.7. Apesar de os OEM estarem apenas interessados na capacidade de entrega dos princípios JIT, sabem que esta só pode ser alcançada através da produção JIT. Por conseguinte, os fornecedores devem produzir e entregar as peças certas, na quantidade certa e no momento certo e, finalmente, a melhoria contínua é outro parâmetro para a seleção de um fornecedor. Os fornecedores devem ter o seu desempenho certificado de acordo com a norma ISO 16949. Este certificado é o principal requisito de muitos OEM da indústria automóvel. A pontuação média da melhoria contínua no questionário foi de 3,8. Em suma, os fornecedores do sector automóvel na Índia estão a melhorar devido às exigências dos OEM. Os princípios do lean manufacturing são aplicados na produção de todos os OEM do sector automóvel.

e, para aplicar plenamente estes princípios, os fornecedores também têm de fazer um esforço. Por conseguinte, os OEM aplicam uma série de critérios na seleção dos seus fornecedores.

Os fornecedores são comparativamente simples em termos dos princípios que devem seguir para manterem o seu lugar no mercado. No entanto, este objetivo não é alcançado através da sua iniciação. Tal como referido no capítulo anterior, os clientes da indústria automóvel têm um elevado poder de negociação em relação aos fornecedores. Esta situação reflecte-se nas actividades "lean" dos fornecedores, simplesmente porque os clientes as impõem aos fornecedores.

Capítulo 8

Conclusão e âmbito de aplicação futuro

8.1 Conclusão:

Há muita investigação sobre as relações entre clientes e fornecedores no mercado B2B e esta mostra que a natureza das relações mudou significativamente ao longo dos anos. Enquanto a relação tradicional se centrava em benefícios a curto prazo para ambas as partes, as relações actuais são mais colaborativas, a longo prazo e próximas. Isto deve-se ao facto de, no mundo atual, os mercados serem tão exigentes que há muitos benefícios a longo prazo na construção deste tipo de relações. As organizações estão a desenvolver estratégias para relações eficazes a longo prazo, a fim de melhorar o seu desempenho.

O mais importante quando se estabelece uma cooperação a longo prazo com os fornecedores é seleccioná-los corretamente. É por isso que as empresas desenvolvem os seus próprios métodos de seleção de fornecedores. Estes métodos incluem várias etapas que são determinadas de acordo com a estratégia da empresa. As etapas gerais que são seguidas na seleção de fornecedores são: (1) reconhecer a necessidade de um fornecedor, (2) determinar a estratégia de aquisição, (3) identificar os critérios para os fornecedores, (4) ponderar cada critério, (5) determinar a técnica, (6) pré-qualificação, (7) avaliar os potenciais fornecedores, (8) seleção final e (9) monitorização. Embora o método de seleção de fornecedores forneça um roteiro para a seleção, o processo de seleção de fornecedores é um desafio, uma vez que a procura do fornecedor ideal é complicada pela utilização de mais do que um critério e pela hierarquia da tomada de decisões nas organizações. Por conseguinte, a seleção de critérios adequados antes do processo de seleção é também muito importante.

O primeiro estudo sobre critérios de seleção de fornecedores foi realizado por Dickson em 1966 com o seu estudo - An analysis of vendor selection systems and decisionsl. Realizou um inquérito a compradores e gestores e identificou 23 critérios. Weber et al. seguiram o estudo de Dickson em 1991. Analisou 74 artigos e categorizou a lista dos 23 critérios de Dickson.

Estudos anteriores sobre critérios de seleção mostram que os critérios mais populares eram o preço, a qualidade e a entrega. Embora o preço se tenha tornado menos importante ao longo dos anos, a qualidade passou a ser o critério mais importante.

um fator decisivo na seleção dos fornecedores. Além disso, novos critérios, como a competência técnica, a investigação e desenvolvimento e a flexibilidade, surgiram e tornaram-se populares ao longo dos anos. Não existe uma lista óptima de critérios que possa ser utilizada por todas as empresas. Pelo contrário, cada empresa deve criar a sua própria lista de critérios para a seleção de fornecedores, porque os critérios para a seleção de fornecedores dependem muito do país, da indústria, da posição na cadeia de abastecimento, do tipo de produtos, do tipo de aquisição e da cooperação necessária.

Os procedimentos e critérios de seleção dos fornecedores têm vindo a ser constantemente desenvolvidos e melhorados ao longo dos anos. As razões mais comuns para esta situação são a globalização, a necessidade de relações de cooperação e a crescente consciência ambiental.

As empresas estão também a reconhecer a importância das técnicas de fabrico "lean" e estão gradualmente a procurar fornecedores que utilizem técnicas "lean" na produção.

Por conseguinte, pode dizer-se que o conceito de "lean" está a chegar às actividades de aquisição e que o novo termo "lean supply" começa a ser utilizado.

O conceito de produção optimizada remonta ao sistema de produção da Toyota. O seu objetivo é melhorar a eficiência através da redução dos custos, do aumento da produtividade e da melhoria da qualidade. O princípio fundamental da produção optimizada é a redução do desperdício. Qualquer tipo de atividade sem valor acrescentado deve ser eliminada para uma produção eficiente. A redução de desperdícios inclui desperdícios de sobreprodução, peças defeituosas, inventário, processamento incorreto, transporte, tempos de espera e movimentos desnecessários. Outros princípios comuns do método "lean" incluem a melhoria contínua, a produção e a entrega JIT, o "pull" em vez do "push", as equipas multifuncionais com funções integradas e a integração dos fornecedores.

No entanto, a produção optimizada não se limita ao processo de produção da empresa. Pelo contrário, para serem "lean", todas as actividades da empresa devem ser "lean", incluindo as actividades de aquisição. Por conseguinte, as empresas "lean" devem efetuar aquisições de acordo com os princípios "lean". Estes princípios podem ser divididos em três categorias: Relações com os fornecedores, produção e desempenho logístico dos fornecedores. Em termos de relações, a abordagem "lean" exige uma relação colaborativa e integrada em que exista um melhor fluxo de informação entre as partes. O sistema de produção do fornecedor também deve ser compatível com o lean, especialmente com os princípios JIT e pull. Uma parte do processo de produção pode ser efectuada em conjunto com o cliente. Isto pode melhorar a qualidade do produto e a flexibilidade do fornecedor. Além disso, o desempenho logístico dos fornecedores melhora com as técnicas Lean através de melhorias no transporte e na entrega atempada. Em suma, a filosofia "lean" espalha-se pela cadeia de abastecimento, proporcionando

A evolução em muitos domínios e as empresas "lean" têm em conta critérios "lean" na seleção dos seus fornecedores.

No presente documento, a indústria automóvel indiana é selecionada como objeto de estudo para a difusão do método "lean" nos canais de abastecimento e para o desenvolvimento de critérios de seleção de fornecedores com a filosofia "lean". Esta escolha deve-se ao facto de a indústria automóvel ser a primeira indústria a adotar o lean manufacturing e de ter um canal de abastecimento muito complexo.

A cadeia de abastecimento da indústria automóvel pode ser dividida em três áreas. São elas: Fornecedores de primeiro nível que fornecem sistemas complexos, fornecedores de segundo nível que fornecem módulos e componentes e fornecedores de terceiro nível que são responsáveis pelo fornecimento de matérias-primas e peças técnicas gerais. O abastecimento da indústria automóvel é um desafio devido à complexidade dos produtos, à complexidade da rede de abastecimento, ao comportamento dos consumidores, à procura sazonal e à obsolescência das existências.

A indústria automóvel indiana é a terceira maior indústria da Índia, com 22 marcas; no entanto, a maior parte delas são empresas comuns com empresas estrangeiras. Por conseguinte, existem muitas semelhanças com as empresas automóveis ocidentais na Índia. Enquanto os fabricantes de equipamento original das empresas do sector automóvel são muito grandes, os fornecedores são constituídos por pequenas e médias empresas.

Foi realizado um estudo na indústria automóvel indiana para compreender os critérios de seleção e a prevalência da abordagem "lean" no processo de seleção de fornecedores. Foram realizadas entrevistas com gestores de aquisições de cinco empresas indianas do sector automóvel. De acordo com os resultados, os valores das actividades de aquisição são a qualidade, o custo, a continuidade e a pontualidade.

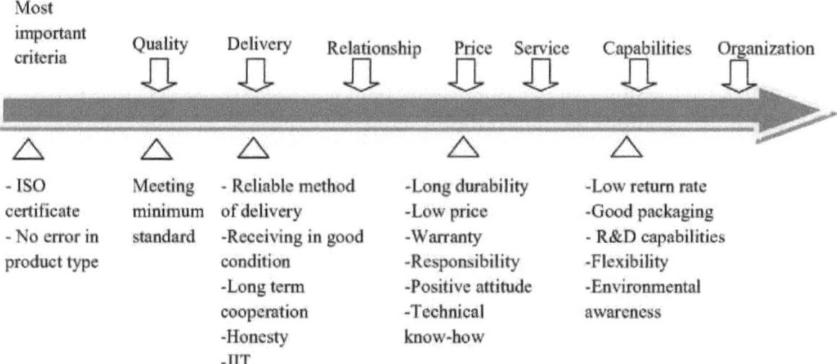

Figura 8.1 Os critérios mais importantes para a indústria automóvel

Os construtores de automóveis privilegiam um número reduzido de fornecedores com os quais trabalham em estreita colaboração e mantêm relações de longo prazo. Dispõem de um sistema de decisão pormenorizado para a seleção dos fornecedores e

Os fornecedores selecionados são avaliados ao longo de toda a relação comercial através de uma avaliação sistemática. O processo de decisão é moroso e difícil e envolve mais do que um departamento.

A análise dos resultados do questionário de critérios mostra que a qualidade é o parâmetro mais importante na seleção dos fornecedores. A certificação ISO é obrigatória para que qualquer fornecedor seja selecionado e os fornecedores têm de provar que os seus produtos cumprem os requisitos mínimos dos clientes. A seguir à qualidade, a fiabilidade da entrega é o segundo critério mais importante para os OEM do sector automóvel. Os fabricantes não têm tolerância para erros no tipo ou na quantidade de produtos. As entregas JIT utilizando métodos fiáveis e a receção em boas condições são também cruciais. O preço é o quarto critério mais importante, a seguir à gestão das relações.

A cooperação a longo prazo, a honestidade e a boa gestão das relações são mais importantes na seleção dos fornecedores. Embora o serviço e as capacidades sejam de menor importância, apenas alguns pontos são considerados importantes nos critérios organizacionais. A garantia e a rapidez de resposta são importantes para o serviço, e a competência técnica é selecionada como um critério importante para as capacidades.

Na Índia, a indústria automóvel é o sector mais ativo no domínio da produção racionalizada. Todas as empresas do sector automóvel analisadas neste estudo aplicam os princípios lean na sua produção. Além disso, impõem aos seus fornecedores algumas exigências que a filosofia "lean" oferece. O impacto da filosofia "lean" pode, por conseguinte, ser reconhecido na seleção dos critérios pelos gestores de compras. Os principais princípios "lean" que os fabricantes de automóveis indianos exigem dos seus fornecedores são os seguintes

1) JIT
2) Redução de resíduos
3) Melhoria contínua

Em primeiro lugar, o JIT é um dos requisitos mais importantes para a seleção de fornecedores. Os produtos devem ser entregues na quantidade certa e no momento certo. Em segundo lugar, devem ser eliminados os desperdícios sob a forma de produtos incorrectos, erros na quantidade e na qualidade dos produtos e produtos defeituosos. Em terceiro lugar, a melhoria contínua deve ser demonstrada através de certificações ISO, o que é muito importante para a seleção de fornecedores.

O objetivo das equipas de aquisição dos fabricantes de automóveis na Índia é estabelecer relações estreitas, de cooperação e de longo prazo com os seus fornecedores, tal como exigido pelo lean manufacturing. Por conseguinte, a integração dos fornecedores é um critério importante a que dão ênfase.

No entanto, do ponto de vista do fornecimento racional, os fornecedores indianos do sector automóvel não podem ser considerados completamente racionalizados. As exigências dos clientes obrigam os fornecedores a aplicar alguns princípios "lean" na produção e no abastecimento. Pode dizer-se que as actividades e os esforços dos OEM em matéria de produção optimizada não se reflectem nas cadeias de abastecimento automóvel. Os OEM estão a envidar esforços junto dos fornecedores para os melhorar e atingir melhores padrões. No entanto, existem algumas razões comuns que os impedem de o fazer. Estas são, em geral, as seguintes:

- Uma cadeia de abastecimento complexa
- Dificuldade em controlar um grande número de fornecedores
- Grande número de peças comuns a fornecer
- Falta de fornecedores qualificados no mercado

Por outro lado, a situação económica é instável e as indústrias estão a ser negativamente afectadas por esta situação. Em especial, os fornecedores do sector automóvel, que são pequenas e médias empresas, podem ser gravemente afectados por uma recessão económica. Por conseguinte, os grandes investimentos em fornecedores são demasiado arriscados para os construtores de automóveis indianos.

Em resumo, as razões acima referidas impedem os fornecedores de OEM do sector automóvel de adoptarem plenamente as técnicas de produção racionalizada. Para alcançar cadeias de abastecimento racionalizadas na indústria automóvel;

- A estabilidade deve ser vista na economia
- Os fornecedores devem ser qualificados e possuir conhecimentos técnicos

especializados

- As relações com os fornecedores devem ser melhoradas

Por conseguinte, com a ajuda de uma cadeia de abastecimento estável e completamente enxuta, os OEM indianos do sector automóvel podem competir com mais vigor no mercado global.

8.2 Restrições:

Apesar de este projeto se centrar apenas nos fabricantes de automóveis indianos, existem algumas limitações neste estudo. Isto significa que este estudo poderia obter melhores resultados sem algumas limitações.

Existem 22 fabricantes de automóveis na Índia, mas este estudo inclui apenas 3 deles, uma vez que as outras empresas não estão dispostas a participar neste tipo de projeto.

Embora 3 fabricantes sejam as principais marcas mais reconhecidas, um estudo de todas as 22 marcas fornece resultados melhores e mais exactos para este estudo.

Além disso, alguns entrevistadores estão muito dispostos a fornecer informações e até explicam mais do que respondem às perguntas. No entanto, alguns deles não estão dispostos a fornecer toda a informação solicitada porque consideram que a informação é confidencial para este projeto.

Alguns gestores de compras têm um conhecimento limitado das práticas "lean" e "lean", o que afecta a eficácia do presente estudo. Estas empresas aplicam os princípios Lean principalmente no processo de produção; no entanto, os funcionários do departamento de compras apenas conhecem os seus parâmetros de seleção de fornecedores independentemente das práticas Lean. No entanto, esta situação ajuda a demonstrar a extensão da abordagem "lean" nas actividades de aprovisionamento.

Finalmente, a pesquisa bibliográfica analisou muitos documentos relevantes; no entanto, existem muitos mais livros e artigos que não puderam ser acedidos e incluídos neste projeto. De facto, este projeto foi realizado com os recursos disponíveis e pode ser realizada uma investigação mais detalhada com recursos adicionais.

8.3 Futuro domínio de aplicação:

Existem várias outras oportunidades de trabalho que poderiam ser realizadas em relação a este tópico. Por exemplo, este projeto poderia ser repetido com o inquérito a todos os 22 fabricantes de automóveis na Índia. Este inquérito generaliza os resultados utilizando as respostas de 3 fabricantes. Se todos os fabricantes participassem no inquérito, o resultado poderia ser ligeiramente diferente. Além disso, poderiam ser inquiridos mais do que um membro de cada empresa, de modo a obter um resultado ótimo para cada fabricante. O número de perguntas relacionadas com a filosofia "lean" poderia ser aumentado e, com mais entrevistadores, poder-se-ia obter um resultado mais pormenorizado.

Além disso, este estudo apenas diz respeito aos fabricantes de automóveis e à situação na sua perspetiva. Uma vez que este tema também diz respeito aos fornecedores, poderia ser efectuado um estudo semelhante com os fornecedores de primeira linha.

Desta forma, poder-se-ia compreender melhor as suas expectativas em relação à relação, os seus pontos de vista sobre a produção optimizada e os seus esforços para cumprir os critérios. No entanto, há que ter em conta que, para obter resultados exactos de um estudo deste tipo, seria necessário entrevistar muito mais do que 5 empresas.

Referências:

[1]Ahlström, P. & Karlsson, C., 1996. Change processes towards lean production: The role of the management accounting system. *International Journal of Operations & Production Management*, 16(11), pp.42-56.

[2]Aláez-Aller, R. & Longás-García, J.C., 2010. Gestão dinâmica de fornecedores na indústria automóvel. International Journal of Operations & Production Management, 30(3), pp.312-335.

[3]Amaratunga, D. et al, 2002. Investigação quantitativa e qualitativa no ambiente construído: aplicação de uma abordagem de investigação "mista". Work Study, 51(1), pp.17-31.

[4]Anon, 2013. Estatísticas de produção de 2013. oica. Disponível em: http://www.oica.net/h1- 2013-production-statistics/.

[5]Anon, 2011a. Uma breve história do lean. Lean Management Institute of India. Disponível em: http://www.leaninstitute.in/history-of-lean.

[6] Anon, 2014 *ISO TS 16949 NEDIR*,

[7]Anon, 2011b. O que é Lean? Instituto de Gestão Lean da Índia. Disponível em: http://www.lean.org/WhatsLean/.

[8]Baskak, M. & Mihcioglu, E., 2004. Relações entre empresas de marca e fornecedores na indústria automóvel e um inquérito,

[9]Bayou, M.E. & Korvin, A. de, 2008. Measuring the leanness of manufacturing systems - A case study of Ford Motor Company and General Motors. Journal of Engineering and Technology Management, 25(4), pp.287-304.

[10] Benyoucef, L., Ding, H. & Xie, X., 2003. problema de seleção de fornecedores: Critérios e métodos de seleção. Instituto Nacional de Investigação em Informática e Automação

[11] Bhasin, S. & Burcher, P., 2006. Lean visto como uma filosofia. *Journal of Manufacturing Technology Management*, 17(1), pp.56-72.

[12] De Boer, L., Labro, E. & Morlacchi, P., 2001. Uma revisão dos métodos de apoio à seleção de fornecedores. *European Journal of Purchasing & Supply Management*, 7(2), pp.75-89.

[13] Booth, C., 2010, *Strategic Procurement: Organising suppliers and supply chains for competitive advantage*, Kogan Page.

[14] Braglia, M. & Petroni, A., 2000. Uma metodologia orientada para a garantia da qualidade para lidar com os trade-offs na seleção de fornecedores. *International Journal of Physical Distribution & Logistics Management*, 30(2), pp.96-112.

[15] Calvi, R. et al, 2010. seleção de fornecedores para o desenvolvimento estratégico de fornecedores,

[16] Cheraghi, S.H., Mohammad Dadashzadeh & Muthu Subramanian, 2004. Factores críticos de sucesso para a seleção de fornecedores: An Update. *Journal of Applied Business Research*, 20(2), pp.91-108.

[17] Choi, T.Y.. An examination of supplier selection practices in the supply chain. *Journal of Operations Management*, 14(4), pp.333-343.

[18] Choy, K.L., Lee, W.B. & Lo, V., 2004. Um sistema de gestão da colaboração à escala da empresa - um estudo de caso da gestão das relações com os fornecedores. Journal of Enterprise Information Management, 17(3), pp.191-207.

[19] Cooney, R., 2002 Será o "limpo" um sistema de produção universal? Batch production in the automotive industry. *International Journal of Operations &*

Production Management, 22(10), pp.1130-1147.

[20] Davidrajuh, R., 2003. Modelação e implementação de processos de seleção de fornecedores para iniciativas de comércio eletrónico. Industrial Management & Data Systems, 103(1), pp.28-38.

[21] Deshmukh, A.J. & Chaudhari, A.A., 2011. Uma revisão dos critérios e métodos de seleção de fornecedores. , pp.283-291.

[22] Dicken, P., 2011 *Global Shift: Mapping the Changing Contours of the World Economy* Sixth Edition, Nova Iorque, NY: The Guilford Press.

[23] Dicken, P., 2003 *Global Shift: Reshaping the Global Economic Map in the 21st century* Quarta edição, Londres: Sage Publications.

[24] Dicken, P. & Henderson, J., 2003*: Global production networks in Europe and East Asia: The Automobile components industries.*

[25] Dickson, G. W., 1966. Uma análise dos sistemas e decisões de seleção de fornecedores. Journal of Purchasing, 2(1), pp. 5-17.

[26] Frederick, D., 2000. *competition through supply chain management: creating market and profit strategies through supply chain partnerships*,

[27] Ghodsypour, S.H. & O'Brien, C., 1998. Um sistema de apoio à decisão para a seleção de fornecedores utilizando um processo integrado de hierarquia analítica e programação linear. International Journal of Production Economics, 56-57, pp. 199-212.

[28] González, M.E., Quesada, G. & Monge, C. a. M., 2004. Determinar a importância do processo de seleção de fornecedores na indústria transformadora: um estudo de caso. *International Journal of Physical Distribution & Logistics Management*, 34(6), pp. 492-504.

[29] Gummesson, E., 1993, *CASE STUDY RESEARCH IN MANAGEMENT: Methods for Generating Qualitative Data*, Estocolmo.

[30] Harrison, A., 2004. outsourcing in the automotive industry: the elusive goal of level 0.5. manufacturing engineer, 5, pp.42-5.

[31] Haugh, D., Mourougane, A. & Chatal, O., 2010 - *A indústria automóvel durante e após a crise*.

[32] Heit, E. & Rotello, C.M., 2010. relações entre raciocínio indutivo e dedutivo. *Journal of Experimental Psychology. Aprendizagem, memória e cognição*, 36(3), pp.805-12.

[33] Helper, S., 1991, How much has really changed between US automakers and their suppliers? Sloan Management Review1, 15, pp.15-28.

[34] Hines, P., Holweg, M. & Rich, N., 2004. Aprender a evoluir: An overview of contemporary lean thinking. International Journal of Operations and Production Management 24(10), pp.994-1011.

[35] Hines, P. & Rich, N., 1997. As sete ferramentas do mapeamento do fluxo de valor. International Journal of Operations & Production Management, 17(1), pp.46-64.

[36] Hines, P. & Taylor, D., 2000, Going lean, Cardiff: Lean Enterprise Research Centre Cardiff Business School.

[37] Ho, W., Xu, X. & Dey, P.K., 2010. abordagens de tomada de decisão multicritério para

[38] Avaliação e seleção de fornecedores: A literature review. Jornal Europeu de Investigação Operacional, 202(1), pp.16-24.

[39] Holweg, M. & Pil, F., 2001. As estratégias bem sucedidas de fabrico por

encomenda começam com o cliente. Sloan Management Review, 43(1), pp.74-83.

[40] Howell, V. W., 2010. lean production. Indústria da cerâmica, pp. 16-19.

[41] Humphreys, P., Wong, Y. & Chan, F.T., 2003. Integração de critérios ambientais no processo de seleção de fornecedores. Journal of Materials Processing Technology, 138(1-3), pp.349-356.

[42] Hunt, B., 2013. A história e a simplicidade da melhoria do processo enxuto. Process Excellence Network. Disponível em: http://www.processexcellencenetwork.com/leansix- sigma-business-transformation/articles/the-history-and-simplicity-of-leanprocess-improvement/.

[43] Jaklic, M., Svetina, A.C. & Zagorsek, H., 2005. Respostas específicas a pressões universais na indústria - comparação de clusters automóveis europeus

[44] Jones, D., 1992, Beyond the Toyota Production System: the era of lean manufacturing.

[45] Estratégia de fabrico. Processo e conteúdo, p.1890210.

[46] Kahraman, C., Cebeci, U. & Ulukan, Z., 2003. seleção multicritério de fornecedores com Fuzzy AHP. Gestão da Informação Logística, 16(6), pp.382-394.

[47] Kannan, V.R. & Tan, K.C., 2006. buyer-supplier relationships: The impact of supplier selection and buyer-supplier commitment on relationship and firm performance. International Journal of Physical Distribution & Logistics Management, 36(10), pp.755- 775.

[48] Kar, A.K.. & Pani, A.K., 2014. exploring the importance of different criteria for supplier selection. Management Research Review, 37(1), pp.89-105.

[49] Karakadilar, I. S. & Sezen, B., 2012. Os membros das cadeias de abastecimento do sector automóvel conseguem estabelecer boas relações fornecedor-comprador? A Survey of Indian Automotive Industry. Procedia - Social and Behavioural Sciences, 58(1991), pp.1505- 1514.

[50] Karanjkar, A., 2007 Manufacturing and Operations Management 2nd edition, Nova Iorque: Nirali Prakashan.

[51] Karlsson, C. & Åhlström, P., 1996. Avaliação das mudanças no sentido da produção optimizada. International Journal of Operations & Production Management, 16(2), pp.24-41.

[52] Kocakülah, M.C., Brown, J.F. & Thomson, J.W., 2008. Princípios do Lean Manufacturing e sua aplicação no fabrico de plásticos. Universidade do Sul de Indiana

[53] Kozan, M.K., Wasti, S.N. & Kuman, A., 2006. Gestão dos conflitos entre compradores e fornecedores: The case of the Indian automotive industry. *Journal of Business Research*, 59(6), pp.662-670.

[54] Lambert, D.M. & Schwieterman, M. a., 2012. supplier relationship management as a macro business process. *Supply Chain Management: An International Journal*, 17(3), pp.337-352.

[55] Lamming, R., 1996. Squaring the circle between lean supply and supply chain management. International Journal of Operations & Production Management, 16(2), pp.183-196.

[56] Lee, E., Ha, S. & Kim, S., 2001. seleção de fornecedores e sistema de gestão tendo em conta as relações na gestão da cadeia de abastecimento. *IEEE*

Transactions on Engineering Management, 48(3), pp.307-318.

[57] Macduffie, J.P. & Helper, S., 1997. Creating Lean Suppliers: Diffusing Lean Production Throughout the Supply Chain.

[58] Masella, C., Rangone, A. & Milano, P., 2000. Uma abordagem contingente para a conceção de sistemas de seleção de fornecedores para diferentes tipos de relações cooperativas cliente/fornecedor. *International Journal of Operations and Production Management*, 20(1), pp. 70-84.

[59] Mollenkopf, D. et al, 2010. green, lean and global supply chains. Revista Internacional de Distribuição Física e Gestão Logística, 40(1), pp.14-41.

[60] Monczka, R.M. et al, 2009. Purchasing and Supply Chain Management, 4ª edição, Estados Unidos da América: South-Western Cengage Learning.

[61] Naylor, B.J., Naim, M.M. & Berry, D., 1999. Leagility: integrando o paradigma do fabrico enxuto e ágil em toda a cadeia de abastecimento. International Journal of Production Economics, 62(1-2), pp. 107-118.

[62] Ng, W.L., 2008. Um modelo simples e eficiente para o problema de seleção multicritério de fornecedores. Jornal Europeu de Investigação Operacional, 186(3), pp.1059-1067.

[63] Oliver, N. et al, 1996 "Lean Production Practices: International comparisons in the automotive supply industry". *British Journal of Management*, 7(março), pp.29-44.

[64] Oliver, N., Delbridge, R. & Lowe, J., 1993 World Class Manufacturing: Further Evidence from the Lean Production Debate, Blackwell, Oxford.

[65] Park, J. et al, 2010. Um quadro integrador para a gestão das relações com os fornecedores. *Industrial Management & Data Systems*, 110(4), pp.495-515.

[66] Pettersen, J., 2009. A definição de produção optimizada: algumas questões conceptuais e práticas. The TQM Journal, 21(2), pp.127-142.

[67] Sánchez, A.M., 1991. Tecnologias de fabrico avançadas: um modelo integrado de difusão. *International Journal of Operations & Production Management*, 11(9), pp.48-63.

[68] Sanchez, A.M. & Perez, M., 2001. Lean indicators and manufacturing strategies. International Journal of Operations & Production Management, 21(11), pp.1433 -1452.

[69] Sim, H.K. et al, 2010. Um estudo sobre os critérios de seleção de fornecedores na indústria transformadora da Malásia,

[70] Simpson, D.F. & Power, D.J., 2005. Utilizar a relação de fornecimento para desenvolver fornecedores ecológicos e optimizados. Supply Chain Management: An International Journal, 10(1), pp.60-68.

[71] Smeds, R., 1994. managing change towards lean organizations. International Journal of Operations & Production Management, 14(3), pp.66-82.

[72] So, S. & Sun, H., 2010. estratégia de integração de fornecedores para a implementação da produção optimizada em cadeias de abastecimento com suporte eletrónico. Supply Chain Management: An International Journal, 15(6), pp.474-487.

[73] Sonmez, M., 2006. A Review and Critique of Supplier Selection Process and Practices. Série de Documentos Ocasionais.

[74] Sturgeon, T.J. et al, 2009. globalisation of the automotive industry: key characteristics and trends. *Int. J. Technological Learning, Innovation and Development*, 2(1/2), pp.7-24.

[75] Tracey, M. & Tan, C.L., 2001. Análise empírica da seleção e envolvimento do fornecedor, satisfação do cliente e desempenho da empresa. Supply Chain Management: An International Journal, 6(4), pp.174-188

[76] Weber, C., Current J.R. & Benton W.C., 1991 Vendor selection criteria and methods. Jornal Europeu de Investigação Operacional, 50, pp. 2-18.

[77] Wei, C.-M. & Chen, C.-Y., 2008. Um estudo empírico sobre a estratégia de compras na indústria automóvel. Industrial Management & Data Systems, 108(7), pp.973-987.

[78] Wu, Y.C., 2003. lean manufacturing: a perspective on lean suppliers. International Journal of Operations & Production Management, 23(11), pp.1349-1376.

[79] Xu, S.X. et al, 2008. Gerir a oferta e a inovação Lean: transferência de conhecimentos interculturais numa empresa multinacional. In pp. 1-11.

[80] Yamamoto, Y. & Bellgran, M., 2010. A mentalidade fundamental que conduz a melhorias no sentido do fabrico optimizado. Assembly Automation, 30(2), pp.124-130.

[81] Zayko, M.J., Broughman, D.J. & Hancock, W.M., 1997. Lean manufacturing brings world-class improvements to small manufacturers. IIE Solution, pp.36-40.

ANEXO I

PERGUNTAS DA ENTREVISTA

(Perguntas para compreender a empresa, os seus fornecedores e o processo de decisão dos fornecedores)

1) Quais são os seus valores fundamentais para as actividades de aquisição?
2) Quantos fornecedores tem para cada produto?
3) Como descreve as suas relações com os seus actuais fornecedores? O nível de cooperação e proximidade é o mesmo com todos os fornecedores?
4) Com que frequência avalia os seus fornecedores actuais?
5) Qual a localização preferida para os fornecedores?
6) Quem desempenha um papel no processo de decisão do fornecedor?
7) Com que facilidade decide trabalhar com um fornecedor?
8) Quais são os desafios na seleção dos fornecedores com quem trabalha?

(Perguntas relacionadas com as práticas Lean)

1) Que práticas lean utiliza atualmente? A que nível é que aplica as práticas lean? (Na produção, no aprovisionamento, na administração, etc.)
2) Prefere melhorar os fornecedores actuais ou mudar de fornecedor para obter melhorias? (Lean supply, etc.)
3) Qual é o grau de necessidade de uma oferta enxuta?
4) Até que ponto os seus fornecedores actuais são simples no que diz respeito à entrega de componentes?
5) Desde quando é que se considera que o aprovisionamento magro é importante?
6) Quais são, na sua opinião, os parâmetros mais importantes para um aprovisionamento enxuto?

Questionário para avaliação de critérios:

(Nesta secção, a empresa classifica os critérios individuais de seleção de fornecedores. A classificação varia de 0 a 5. 0 significa nada importante, 5 significa extremamente importante.)

Quality	Rating (0-5)
Meeting minimum standard	
Long durability	
ISO certified	
Low return rate	
Provide sample before first order	
Technical expertise	
Delivery	
Short lead time	
No error in production type or quantity	
Good packaging	
Reliable method of delivery	
Receiving in good condition	
Services	
After sale service	
Technical support	
Warranty/insurance	
Fast responsiveness	
Supplier relationship	
Good relationship management	
Performance history	
Responsibility	
Long-term cooperation	
Current customers	
Cultural match between companies	
Communication system	

Honest and frequent communication	
Supplier's willingness to share confidential information	
Management and organization	
Organization structure	
Staff skill and potential	
Labor relation	
Reputation	
Company background	
Amount of past business	
Location	
Financial status	
Company size	
Supplier's believability and honesty	
Positive attitude towards complaints	
Environmental awareness of supplier	
Capabilities	
Ability to handle exceptions and problems	
R&D capabilities	
Technical know-how	
Existence of IT standards	
Flexibility	
Main lean principles	
Effort in elimination of waste	
Effort in promoting JIT principles	
Commitment to continuous improvement in products and processes	

Índice

Printed by Books on Demand GmbH, Norderstedt / Germany